Dieses Service Journal hält Sie mit aktuellen Informationen über wichtige Entwicklungen auf dem Laufenden. Redaktion und Herausgeber stellen das Wesentliche gut lesbar und praxisgerecht für Sie zusammen.

Das Service Journal ist so konzipiert, dass Sie es ganz nach Ihrem individuellen Bedarf nutzen können. Es ist stabil gebunden, damit Sie es wie eine Zeitschrift lesen und sich auch zu Hause oder unterwegs bequem über das Neueste informieren können.

Hinweis zum Einsortieren

Öffnen Sie den Heftstreifen:

Entnehmen Sie zunächst den „Newsletter", und die „Einsortieranleitung". Diese Seiten werden im Nachschlagewerk **nicht benötigt**.

Fügen Sie dann bitte unter Beachtung der Anleitung die Seiten in Ihr Werk ein bzw. entfernen Sie Veraltetes.

Der Verlag achtet im Rahmen der redaktionellen Möglichkeit auf eine bedarfsgerechte Zusammenstellung der Seiten zum schnellen Einsortieren. In nur wenigen Minuten aktualisieren Sie Ihr Nachschlagewerk.

Sollten Sie gerade keine Zeit für das Einlegen der neuen Seiten in Ihr Experten System finden, so können Sie das Service Journal an der Lochung einfach vorne in den Ordner einhängen

Um dieses Service Journal zu einem wertvollen Bestandteil Ihres Springer Experten Systems zu machen, sortieren Sie bitte die Beiträge nach unserer Anleitung ein.

Haben Sie Fragen zu Ihrem Springer Experten System oder zum Service Journal? Gibt es Anregungen oder Wünsche an die Redaktion und die Herausgeber? Wir helfen Ihnen gerne weiter.

Service-Telefon:
freecall 08 00 – 8 63 44 88
Fax: (06221)345–229
E-mail: h.ziegler@springer.de
Redaktion:
logistik@springer.de

Logistik-Management
Service Journal Juli 2002

Editorial

Juli 2002

Liebe Leserin, lieber Leser,

Sie halten das mittlerweile achte Service Journal des Springer Experten Systems Logistik-Management in Ihren Händen. Auch in diesem Journal finden Sie in der bewährten Form neben aktuellen Veröffentlichungen, Hinweisen zu Logistik-Veranstaltungen und kurzen Artikeln aus Forschung und Praxis zahlreiche praxisorientierte Beiträge namhafter Autoren rund um das Thema Logistik-Management.

Führt man sich die Vielzahl neuerer Veröffentlichungen zum Thema Logistik vor Augen, so scheint das Interesse an der Logistik bzw. der effizienten und zugleich effektiven Gestaltung der Supply Chain größer denn je. Als treibende Kräfte dieses gestiegenen Interesses sind insbesondere die zunehmende Globalisierung und der damit einhergehende Wettbewerbsdruck sowie die sich durch neue Technologien eröffnenden Möglichkeiten der strategischen Planung und operativen Ausgestaltung unternehmensinterner und -übergreifender Logistik-Prozesse anzuführen. Vor diesem Hintergrund versuchen wir, Ihnen innerhalb dieser Ausgabe des Springer Experten Systems Logistik-Management die Thematik der Modellierung, Simulation und Visualisierung in der Logistik in ihrem Facettenreichtum in verständlicher und strukturierter Form aufzubereiten und derzeitige Entwicklungstendenzen mit vielfältigen Beispielen aus der Unternehmenspraxis darzustellen.

Die Simulation wird allzu oft als Allheilmittel zur Bewertung planerischer Aktivitäten heran gezogen. Ohne eine ziel- und bedarfsgerechte

Analyse und Interpretation der abgebildeten Situation leidet jedoch die Akzeptanz der modellhaften Abbildung. Ferner entsteht unweigerlich ein Zweifel an dem Nutzen der getätigten Aufwendungen. Die Autoren Franzke, von Gleich, Mertins und Reinsch vom Institut für Integrierte Produktion in Hannover widmen daher ihren Beitrag „Einsatz der ereignisorientierten Simulation und Möglichkeiten zur Logistikanalyse am Beispiel einer Multi-Ressourcen-Fertigung" dem Zielkonflikt aus Durchlaufzeit und Bestand. Im Rahmen einer simulationsgestützten Logistik-Analyse zeigen die Autoren anwendungsorientierte Methoden zur Interpretation von Ergebnissen und zur Gewinnung aussagekräftiger Reaktionsstrategien auf. Hierbei werden die einzelnen Ablaufschritte der Simulationsstudie sowie die Umsetzung ausführlich beschrieben.

Durch die in vielen Branchen bevorstehende oder bereits erfolgte gesetzliche Ausweitung der herstellerseitigen Produktverantwortung auf die Entsorgungsphase sollen Anreize zur Wieder- bzw. Weiternutzung von Ressourcen in einer nachhaltigen europäischen Kreislaufwirtschaft geschaffen werden. Der erhöhte Durchsatz erfordert dabei den Übergang von bisher in der Produktüberholung dominierenden handwerklichen Strukturen zu industriellen Prozessen. Der Beitrag von Helmut Baumgarten und Thomas Sommer-Dittrich stellt die für die Rückführung und Behandlung ausgedienter Produkte sowie die Wiedereinsteuerung aufgearbeiteter Bauteile notwendige Flexibilität in Demontagefabriken dar. Zudem werden ein informationstechnisches Instrumentarium zur vernetzten Planung, Simulation und Visualisierung flexibler Demontagefabriken und eine Methodik zur Bewertung dieser Flexibilität entwickelt.

Abgerundet wird die achte Folgelieferung des Springer Experten Systems Logistik-Management durch den Grundlagenbeitrag „Internationaler Rechtsrahmen der Logistik" von Karl-Heinz Gimmler und den Beitrag „Arbeitszeitgestaltung in der Logistik – ein Element des Personalmanagements" von Martina Plag, der insbesondere Defizite bestehender Arbeitszeitsysteme und die Aufgaben variabler Personaleinsatzmanagementsysteme thematisiert. Zudem finden Besonderheiten des Personalmanagements innerhalb der Logistik Berücksichtigung, die anhand von Best Practices aus der Unternehmenspraxis durchleuchtet werden.

Wir hoffen, Ihnen mit den praxisorientierten Beiträgen neue und für Sie interessante Erkenntnisse des Logistik-Managements aus Wissenschaft und Praxis näher zu bringen und wünschen Ihnen einen möglichst großen Umsetzungserfolg in der Unternehmenspraxis.

Helmut Baumgarten, Hans-Peter Wiendahl, Joachim Zentes,
Berlin Hannover Saarbrücken

Newsletter

Nachrichten

▌ Symposium und Sammelwerk: „B2B-Handel: Perspektiven des Groß- und Außenhandels"

Vor dem Hintergrund des sich wandelnden Marktumfeldes – gekennzeichnet durch zunehmend globalen Wettbewerb, Übernahme logistischer Funktionen sowohl von Herstellern als auch Abnehmern sowie zunehmender Innovationsbereitschaft und Partnerschaft – sieht sich insbesondere der Großhandel mit einer steigenden Zahl an Herausforderungen konfrontiert. So sind strategische Konzepte zu erstellen, um der Gefahr einer Ausschaltung des Großhandels aus der Warendistributionskette vorzubeugen. Dabei ist es unabdingbar, die Marktpartner auf vor- und nachgelagerter Stufe in die Analyse einzubeziehen und bedarfsgerechte Produkt- und Dienstleistungsprogramme zu marktkonformen Preisen anzubieten. Vor diesem Hintergrund sind flexible logistische Prozesse, die mit Hilfe entsprechender Informationsinfrastrukturen gesteuert werden, – insbesondere auf Grund der Komplexitätszunahme durch eine ansteigende Produktdiversifikation – notwendig.

Obige Thematik und damit einher gehende logistische Fragestellungen waren neben weiteren Themengebieten Gegenstand des Symposiums „B2B-Handel: Perspektiven des Groß- und Außenhandels", das am 19. März 2002 an der Universität des Saarlandes in Saarbrücken stattfand und vom Institut für Handel und Internationales Marketing veranstaltet wurde. Im Rahmen des Symposiums fand zudem die Vorstellung des gleichnamigen Sammelwerkes „B2B-Handel: Perspektiven des Groß- und Außenhandels", erschienen im Deutschen Fachverlag, herausgegeben von Univ.-Professor Dr. Joachim Zentes, Univ.-Professor Dr. Bernhard Swoboda und Dr. Dirk Morschett, statt. Aus der Feder von Vertretern universitärer und außeruniversitärer Forschungseinrichtungen, von Verbänden und insbesondere aus dem Bereich der Unternehmen des Groß- und Außenhandels, aber auch von neuen Intermediären wie B2B-Marktplatzbetreibern werden die sich wandelnden Rahmenbedingungen dieser Wirtschaftsstufe sowie die daraus resultierenden strategischen Optionen für ein erfolgreiches Fortbestehen in der Zukunft umfassend dargestellt. Die Autoren zeigen dabei Potenziale, Entwicklungspfade und anhand von Best Practice-Fällen innovative und erfolgreiche Strategien traditioneller wie auch virtueller B2B-Händler auf.

▮ LOG-IT: E-Logistics-Wettbewerb für das Ruhrgebiet

Unter dem Namen „LOG-IT" wurde im September des vergangenen Jahres seitens des nordrhein-westfälischen Wirtschaftsministeriums ein E-Logistics-Wettbewerb für das Ruhrgebiet initiiert. So rief der nordrhein-westfälische Wirtschaftsminister Ernst Schwanhold zu einem Wettlauf um die kreativsten und besten Geschäftsideen und Projekte im Bereich E-Logistik auf. LOG-IT richtete sich an Unternehmen aus der Logistik, der Software- und IT-Branche, der Industrie und des Handels. Ferner richtete sich nach Aussage der Initiatoren der Wettbewerb an Existenzgründer, Freelancer und alle Experten, die Unternehmenspartner aus obigen Bereichen suchen. Dabei sollten sich insbesondere kleine und mittlere Unternehmen am E-Logistics-Wettbewerb beteiligen. Eingereicht werden konnten alle Projekte, die während der Dauer des Wettbewerbs innerhalb des Ruhrgebietes geplant oder bereits durchgeführt wurden.

Stichtag für die Teilnehmer des LOG-IT-Wettbewerbs war der 30. April 2002. Bis dahin mussten die Beiträge der Jury, bestehend aus fachkompetenten Vertretern aus Politik, Wirtschaft und Wissenschaft, vorgelegt werden. Bewertet wurden hierbei die Beiträge nach den Kriterien

- „Innovationsgehalt" (Beurteilungskriterien: Einsatz neuartiger Technologien, Kombination verschiedener Technologien, Integration unterschiedlicher IT-Landschaften, kooperativer Aufbau elektronischer Netzwerke usw.),
- „Wirtschaftlicher Nutzen" (Beurteilungskriterien: Grad der Optimierung interner Geschäftsprozesse, allgemeinwirtschaftlicher Nutzen, Ressourcenschonung bzw. Ausmaß der Umweltentlastung usw.) und
- dem „Umsetzungskonzept" (Beurteilungskriterien: Pragmatismus, technologische Komplexität der Lösung, Erfolgsaussichten im Markt, Finanzierungskonzept, Wirtschaftlichkeitsrechnung usw.).

5

Nach Auswahl der Preisträger in den Kategorien „Beste Geschäftsidee", „Beste Geschäftspraxis", „Mensch und Technik", „Optimierter Verkehr" und „Internationale Kooperation" werden schließlich die prämierten Beiträge am 04. Juli 2002 im Rahmen einer festlichen Abschlussveranstaltung in Duisburg der Öffentlichkeit präsentiert. Weitere Informationen zum Wettbewerb erhalten Sie unter der Tel. 0221/931 78–88 oder unter der E-Mail-Adresse info@log-it-wettbewerb.de.

▋ Gemeinsame Kompetenz in der Kreislauf-Logistik

Die Kreislaufwirtschaft erfordert weitreichende Eingriffe in das bestehende Wirtschaftssystem, um die ansteigenden Bedürfnisse einer wachsenden Bevölkerung, ohne eine gleichzeitige Zerstörung der Lebensgrundlage für spätere Generationen, zufrieden zu stellen. Ziel der Kreislaufwirtschaft ist der Aufbau von umweltpolitisch sinnvollen Kreisläufen in Abstimmung mit den wirtschaftlichen Zielsetzungen der Unternehmen. Für die tatsächliche Umsetzung sind dabei insbesondere neue Strategien für die Logistik gefragt. Die Kreislaufführung mit der sachgerechten Wiederverwertung von Produkten und Komponenten erfordert logistische Kompetenz.

Hierfür bietet die BLG International Logistics in Kooperation mit dem Institut für Seeverkehrswirtschaft und Logistik (ISL) sowie dem Lehrstuhl für Allgemeine Betriebswirtschaftslehre, Produktionswirtschaft und Industriebetriebslehre der Universität Bremen neuerdings kundenorientierte und zugleich wirtschaftliche Kreislaufsysteme an. So sind Ergebnisse des mehrjährigen Erfahrungsaustauschs und der intensiven Zusammenarbeit Konzepte zur Gestaltung von Rückführungssystemen, Methoden zur Identifikation der Anforderungen an Altprodukte und deren Rücklaufquoten sowie die technische und wirtschaftliche Umsetzung von Kreislaufwirtschaftssystemen. Die entwickelten Tools ermöglichen es, Kreislaufwirtschaftskonzepte zu erstellen und zu bewerten und tragen damit entscheidend zu einer Realisation operativer und konzeptioneller Lösungen für eine effiziente Kreislaufführung von Produkten und Komponenten bei.

■ **Trends und Strategien in der Logistik – Neuauflage der Untersuchung**

Ein wesentliches Merkmal der Logistik ist ihr beständiger Wandel. Die rasante Entwicklung der Logistik und die damit verbundenen weit reichenden Folgen für die Wettbewerbsfähigkeit erfordern von den Unternehmen eine kontinuierliche Neuorientierung. Die Untersuchungen zu den Trends und Strategien in der Logistik, die regelmäßig gemeinsam von der Bundesvereinigung Logistik e. V. (BVL) und dem Bereich Logistik der Technischen Universität Berlin unter Leitung von Prof. Dr.-Ing. H. Baumgarten durchgeführt werden, konnten hier stets neue Impulse und Anregungen für die Ausrichtung der Logistik liefern.

Die aktuell anlaufende Neuauflage der Untersuchung verspricht wiederum neue Erkenntnisse u. a. zu den folgenden Themen:

■ Welche Kooperationsstrategien gewährleisten ein effizientes Schnittstellenmanagement und hohe Flexibilität. Welche Konsequenzen hat die zunehmende Vernetzung? Wo liegen die größten logistischen Verbesserungspotenziale?

■ Inwieweit bildet das kooperative Zusammenwirken von Industrie, Handel und Logistik-Dienstleistern im Sinne einer ganzheitlichen Supply Chain Steuerung eine wirksame Strategie zur Bewältigung der wachsenden Kundenanforderungen und der zunehmenden Zersplitterung der Wertschöpfung in Unternehmensnetzwerken?

■ Welche Faktoren entscheiden über den Erfolg des Supply Chain Managements? Wer ist geeignet, die Supply Chain zu steuern und welche Anforderungen sind damit verbunden?

■ Was sind die erfolgsentscheidenden Leistungen eines Logistik-Dienstleisters und wie können die notwendigen Kompetenzen aufgebaut werden?

■ Welche Strategien, z. B. zur Verknüpfung von Logistik und E-Business, sind nachhaltig profitabel und in welche Technologien und Software-Anwendungen sollte weiter investiert werden?

■ Welchen Beitrag kann die Logistik zum effizienten Wissensaustausch entlang der Wertschöpfungskette und zum systematischen Umgang mit der Ressource Wissen leisten?

Derzeit werden die vier Schwerpunkte „Collaboration in der Supply Chain", „Supply Chain Steuerung & Services", „Konvergenz in Handel und Konsumgüterindustrie" sowie „Wissensmanagement in Netzwerken" untersucht. Grundlage ist ein bereits im Frühjahr versendeter Fragebogen an Logistik-Entscheider in Deutschland, Österreich und in der Schweiz. Auf Basis der Befragung werden die aktuellen und zukünftigen logistischen Herausforderungen in den Bereichen Industrie, Handel und Logistik-Dienstleistung analysiert und innovative Logistik-Strategien entwickelt.

Weitere Informationen erhalten Sie bei Herrn Dipl.-Kfm. Jack Thoms, Tel. 030/314 26 74 5, E-Mail: thoms@logistik.tu-berlin.de oder im Internet unter www.TrendsundStrategien.de.

Themen 2002

▌ E-Procurement: Chance und Herausforderung
für qualifizierte Logistik-Unternehmen

Auch nach dem Ende des großen „E-Business-Hypes" setzen sich effizienzsteigernde, unternehmensübergreifende Lösungen weiter durch und dementsprechend gewinnt die Vernetzung der Prozesse über die Grenzen der eigenen Unternehmung hinaus an Bedeutung. Hierbei ist zukünftig dem E-Procurement, d.h. der elektronischen Bestellabwicklung mit ihren vielfältigen Facetten, eine besondere Bedeutung beizumessen, da E-Procurement-Lösungen insbesondere für C- und MRO-Güter den in der Unternehmenspraxis oftmals bis dato nur halb automatisierten Beschaffungsprozess erheblich verschlanken. Um aber letztlich den Gesamtprozess zu vollenden, verbleiben zwei wesentliche Aufgaben: die Zahlungsabwicklung/Buchung und die physische Verfügbarmachung der Güter, d.h. die Logistik.

Der verstärkte katalogbasierte Einkauf hat zu sehr vielen Einzelbestellungen kleinster Wert-, Mengen- und Gewichtsvolumina sowie Abmessungen geführt. Gleichzeitig werden kundenseitig kürzere Bereitstellungszeiten gefordert. Bei einer größeren Anzahl von Katalogen, hinter denen durchaus jeweils mehrere Lieferanten stehen können, erhöht sich ferner der logistische Aufwand für Unternehmen erheblich. Zusätzlich schafft eine oft gewünschte Direktbelieferung an die Kostenstelle oder gar den einzelnen Bedarfsträger einen nicht zu unterschätzenden Planungs- und Organisationsaufwand.

Mittlerweile bieten katalogbasierte Systeme sowie E-Marktplätze bereits die optionale Vermittlung eines spezialisierten, logistischen Dienstleisters an oder erlauben die Auswahl zwischen mehreren Anbietern. In einigen Fällen kann die Logistik-Leistung allerdings auch selbst ausgeschrieben oder unter Umständen für klar spezifizierbare Güter und/oder „logistische Problemstellungen" auktioniert werden. Zudem haben sich bereits einzelne unabhängige Logistik-Plattformen mit unterschiedlichen Leistungsportfolios herausgebildet.

Für besonders leistungsfähige Logistik-Unternehmen dürfte es in Zukunft höchst interessant sein, als fester Partner in unternehmensübergreifende, kollaborative Netzwerke eingebunden zu werden. Da allerdings eine voll integrierte Electronic Business-Anwendung in der Regel sehr komplex, technisch aufwendig und daher mit hohen Realisierungs- sowie Implementierungskosten verbunden ist, scheuen sich nach wie vor viele Logistik-Unternehmen, insbesondere klein- und mittelständische Betriebe, vor einer entsprechenden Umsetzung. So entstehen große organisatorische und finanzielle Herausforderungen für Unternehmen bei der umfassenden Integration einer E-Business-Lösung. Zum einen muss, im Falle eingesetzter Standardsoftware, diese über Customizing an die unternehmensspezifischen Erfordernisse angepasst werden, zum anderen sind intelligente, auf das jeweilige Unternehmen zugeschnittene Individual-Lösungen zu ermitteln und wiederum in die generischen Abläufe (Katalogmanagement, Workflowmanagement, Transaktionsmanagement, B2B-Kommunikation usw.) zu integrieren.

Das realisierbare Umsatzpotenzial ist für Logistik-Unternehmen groß und bei weitem noch nicht vollständig aufgeteilt. Es dürfte sogar in den kommenden Jahren deutlich größer werden, wohingegen die Umsätze im „Non-E-Sektor" stagnieren oder gar zusammenschrumpfen dürften. Von daher ist es für spezialisierte, leistungsfähige Logistik-Unternehmen an der Zeit, die sich durch E-Business eröffnenden Möglichkeiten zu nutzen und sich nicht angesichts aufgezeigter Herausforderungen vor neuen Entwicklungen zu verschließen.

▌ E-Logistics-Kooperationen

Auch wenn die außerordentlich hohen Erwartungen an eine rasche Zunahme der E-Commerce-Geschäfte und die Diffusion elektronisch unterstützter Prozessstrukturen und Transaktionssysteme, die sich in den ersten Jahren der E-Commerce-Euphorie gebildet hatten, bis dato nicht eingelöst werden konnten, wird die Bedeutung des elektronischen Geschäftsverkehrs zweifelsfrei in den kommenden Jahren sowohl im B2B- als auch im B2C-Handel weiter ansteigen. Durch zunehmende Markttransparenz und neue Marktteilnehmer – vorrangig begünstigt durch die neuen Medien wie Internet – sind ferner weitreichende Auswirkungen auf den Verkehrssektor, z. B. in Form einer Zunahme an Klein-Stückgut-Verkehren zu erwarten. E-Commerce verändert damit nicht nur die Einkaufsformen für den Handel und das Verhältnis zwischen Handel und Industrie, sondern vor allem die Logistik hinter dem eigentlichen Verkaufsprozess. So ist E-Commerce ohne E-Logistik nicht denkbar.

Bereits seit Beginn der siebziger Jahre existieren EDI-Lösungen zum vereinfachten Geschäftsverkehr. Das Internet verschafft dem elektronischen Datenaustausch aber eine grundsätzlich neue Dimension und Bedeutung. Der moderne Electronic Commerce ist nicht nur günstiger und einfacher als die Netzformen der Vergangenheit und öffnet damit auch kleinen und mittelständischen Betrieben das Tor zum elektronischen Handel, er verknüpft darüber hinaus sämtliche Marktpartner und Konsumenten in einem einzigen Netzwerk.

Da es zukünftig Logistik-Dienstleistern nicht möglich sein wird, alle Stufen des Fulfillment anzubieten, wird eine enge Zusammenarbeit mit Schnelllieferdiensten, Paketdiensten sowie Multimedia- und IT-Dienstleistern unerlässlich. Einzelkämpfer, die nur einen Teil der Fulfillment-Kette anbieten und auf Kooperationen verzichten, sind unter den sich ändernden Marktgegebenheiten benachteiligt. So werden in Zukunft an Stelle einzelner Unternehmen vermehrt Logistik-Ketten miteinander konkurrieren, wobei Transportunternehmen und andere Logistik-Dienstleister die Glieder dieser Kette bilden werden. Der Ausbau der technologischen Ressourcen zur Realisation derartiger Netzwerke ist folglich für Logistik-Dienstleister unabdingbar.

Die Gewinner der aufgezeigten Entwicklung werden letztlich Speditionen, Transportunternehmen, Kurier-, Paket und Expressdienste sowie Dienstleister

sein, die flexibel auf neue Herausforderungen reagieren, in eine informations-
technische Infrastruktur investieren und damit zur Optimierung der Logistik-
Kette beitragen.

▌ Auf dem Weg zur „Digitalen Fabrik"

Die Entwicklungen im Bereich der Informations- und Kommunikationstech-
nik sind beeindruckend. Nach dem Gesetz von Moore kommt es dort etwa alle sechs Jahre zu einer Verzehnfachung der Prozessorleistung und -geschwin-
digkeit. Aufbauend auf den stetig wachsenden Potenzialen sind Produktionsunternehmen, Planer und Forscher gleichermaßen von einer Vision fasziniert:
Die „Digitale Fabrik". Diese soll sämtliche Elemente und Prozesse einer Fabrik in einem Rechnermodell abbilden und für den Menschen einfach begreif-
bar darstellen. Ein neues Werkzeug für die Darstellung ist Virtual Reality. Mit
dieser Technik konnten in verschiedensten Fachdisziplinen bahnbrechende
Fortschritte erzielt werden. Ein Ende der Entwicklungen ist noch lange nicht
abzusehen.

Die Möglichkeiten, die der Einsatz von Virtual Reality (VR) bietet, schei-
nen nahezu unbeschränkt. Auch in Zukunft sind in den verschiedensten Fachdisziplinen Innovationssprünge mit Hilfe von VR zu erwarten. Dass der Einsatz von VR bis heute schon zu enormen Fortschritten geführt hat, wird bei
exemplarischen Anwendungen deutlich. So können heutzutage im Bereich der
Medizin neue Operationsmethoden vorher an einem „virtuellen Patienten" er-
probt werden. Ein weiterer Schritt in der Medizin ist die Vermeidung der
häufig sehr kritischen Transporte von Patienten zu Spezialisten dank der
Möglichkeiten einer Teleoperation. Hierbei führt der Spezialist mittels VR-
Helm einen Chirurgieroboter millimetergenau. Ein anderes Beispiel sind vir-
tuelle Fernsehstudios. Hier kann mittlerweile das zeitaufwendige Umbauen
der Hintergrundkulisse mit Hilfe von VR vermieden werden. Eine Person bewegt sich in einer so genannten „Blue Box" und die Kulisse wird durch den
Computer generiert und simuliert. Auch der Sektor der Telekommunikation
bietet ein weites Feld an Einsatzmöglichkeiten für VR. So können Reiseaktivi-
täten deutlich reduziert werden, wenn Konferenzen in einer virtuellen Umge-
bung – auch als Cyberspace bezeichnet – stattfinden.

Wo aber liegen nun die Chancen von VR für produzierende Unternehmen? Wäre es nicht wünschenswert, Unternehmen könnten neue Konzepte für den Betrieb ihrer Fabrik – ähnlich einer neuen Operationsmethode – vor der Neu- oder Umgestaltung „auf Herz und Nieren" testen?

Dies war einer der Wünsche, die zu der Vision der „Digitalen Fabrik" führten. Allgemein wird unter der „Digitalen Fabrik" die Abbildung sämtlicher Elemente einer Fabrik und der darin ablaufenden Prozesse im Rechnermodell verstanden. Neben den physischen Elementen, wie beispielsweise Gebäude, Technik und Betriebsmittel, soll das Rechnermodell u. a. auch Geschäftsprozesse, logistische Prozesse, Organisationsstrukturen und Kommunikationsflüsse lückenlos beinhalten. Ein Anspruch der „Digitalen Fabrik" ist es, die fast nicht zu handhabende Datenflut mit Hilfe von VR für den Menschen nachvollziehbar darzustellen. Erst so kann die „Digitale Fabrik" als ein Werkzeug dazu beitragen, den Planungsprozess von Fabriken sowie Ihren Einrichtungen und Prozessen zu beschleunigen und schneller zu gesicherten Planungsergebnissen zu gelangen.

Im Rahmen der „Digitalen Fabrik" bewegt der Planer im virtuellen Raum interaktiv die Fabrikelemente. Gleichzeitig werden so auch die Strukturen und die Prozesse angepasst. In der „Digitalen Fabrik" kann der Betrieb der Fabrik in der neuen Gestalt simuliert und das dynamische Verhalten mit Hilfe von VR visualisiert werden. Man kann so die Fabrik unter verschiedenen Aspekten betrachten, bewerten und gegebenenfalls modifizieren. Ein Aspekt ist hierbei der Wertschöpfungsprozess, ein anderer der Kommunikationsfluss in der Fabrik. Im Endeffekt sollen dem Planer die Zielgrößen, die den Erfolg einer Fabrik bestimmen, aus dem VR-Modell ersichtlich werden. Dazu zählen wirtschaftliche und logistische Größen, wie Bestände, Auslastung und Durchlaufzeit, aber auch Fragen der ästhetischen Anmutung, der Atmosphäre sowie der Farbgebung. Auch wenn weiterhin zahlreiche Forschungsarbeiten notwendig sind, werden durch den gewährten Ausblick die Chancen einer „Digitalen Fabrik" mit VR deutlich.

Es bleibt festzuhalten, dass die Fabrikvirtualisierung und -digitalisierung zu den wichtigsten Entwicklungstendenzen im Bereich der Fabrikplanung und des Fabrikbetriebes zählen. So geht der Weg unaufhaltsam in Richtung „Digitale Fabrik" – aber der Weg dorthin ist noch weit.

Wichtige Termine

■ 04.07.2002, Duisburg
Präsentation: LOG-IT: E-Logistics-Wettbewerb für das Ruhrgebiet
– Präsentation der prämierten Beiträge
Ministerium für Wirtschaft und Mittelstand, Energie und Verkehr
des Landes Nordrhein-Westfalen (MWMEV)
Kontakt: Tel.: 02 11/837-02, Fax: 02 11/837-22 00, www.log-it-wettbewerb.de,
E-Mail: info@log-it-wettbewerb.de oder bettina.kittel@mwmev.nrw.de

■ 22.–25.08.2002, Jönköping (S)
Messe: LASTBIL 2002 – Internationale Fachmesse
für die Speditions- und Transportbranche
Elmia AB
Kontakt: Tel.: 00 46/36-15 20 00, Fax: 00 46/36-16 46 92,
www.elmia.se/lastbil, E-Mail: mail@elmia.se

■ 03.–05.09.2002, Essen
Messe: DMS EXPO EUROPE – Fachmesse für Informations-
und Dokumenten-Management,
Advanstar Communications GmbH & Co. KG
Kontakt: Tel.: 0 20 54/104 89-0, Fax: 0 20 54/104 89-29, www.dms21.de,
E-Mail: marketing@advanstar.de

■ 03.–06.09.2002, Basel (CH)
Messe: go Automation days – Internationale Fachmesse
für Automatisierung, MCH Messe Basel AG
Kontakt: Tel.: 00 41/58-200 20 20, Fax: 00 41/58-206 21 89
www.go-automation.ch, E-Mail: info@go-automation.ch

■ 04.–06.09.2002, Birmingham (GB)
Konferenz: Logistics Research Network (LRN) Annual Conference 2002,
Technology Innovation Centre (TIC)
Kontakt: Tel.: 00 44/121-331 54 00, Fax: 00 44/121-331 54 01,
www.tic-online.com/lrn2002, E-Mail: enquiries@tic.ac.uk

- 12.–19.09.2002, Hannover
  Messe: IAA – Internationale Automobil-Ausstellung Nutzfahrzeuge
  Verband der Automobilindustrie e. V.
  Kontakt: Tel.: 069/9 75 07-0, Fax: 069/9 75 07-261, www.iaa.de,
  E-Mail: info@iaa.de
- 17.–18.09.2002, Dortmund
  Konferenz: 20. Dortmunder Gespräche „World of Logistics
  – Logistics Worldwide" – Dialog zwischen Praxis und Wissenschaft
  Fraunhofer-Institut für Materialfluss und Logistik (IML)
  Kontakt: Tel.: 02 31/97 43-193, Fax: 02 31/97 43-215, www.do-ge.de,
  E-Mail: info@iml.fhg.de
- 18.–20.09.2002, Szczecin (PL)
  Messe: EUROTRANS – Internationale Messe für Transport, Spedition
  und Logistik
  Miedzynarodowe Targi Szczecinskie
  Kontakt: Tel.: 00 48/91–464 44 01, Fax: 00 48/91–464 44 02, www.mts.pl,
  E-Mail: office@mts.pl
- 24.–27.09.2002, Berlin
  Messe: InnoTrans – Internationale Fachmesse für Verkehrstechnik,
  Innovative Komponenten, Fahrzeuge, Systeme, Messe Berlin GmbH
  Kontakt: Tel.: 030/30 38-20 36, Fax: 030/30 38-20 30, www.innotrans.de,
  E-Mail: innotrans@messe-berlin.de
- 24.–27.09.2002, Sinsheim
  Messe: Motek – Internationale Fachmesse für Montage-
  und Handhabungstechnik, P.E. Schall GmbH Messeunternehmen
  Kontakt: Tel.: 0 70 25/92 06-0, Fax: 0 70 25/92 06-620,
  www.schall-messen.de/motek, E-Mail: info@schall-messen.de
- 29.09.–02.10.2002, San Francisco (USA)
  Konferenz: Council of Logistics Management ConferenceCouncil
  of Logistics Management
  Kontakt: Tel.: 001/630 574-09 85, Fax: 001/630 574-09 89, www.clm1.org,
  www.clm1.org/conf2002/index.asp

Neue Literatur

Baumgarten, H; Stabenau, H; Weber, J; Zentes, J: Management integrierter logistischer Netzwerke, (Haupt) 2002, ISBN 3-258-06439-3; 29,90 Eur-D

Binner, H: Unternehmensübergreifendes Logistikmanagement, (Hanser) 2002, ISBN 3-446-21675-8; 24,90 Eur-D

Brands, H (Hrsg.): Personalhandbuch Transport und Logistik, (Heinrich Vogel) 2002, ISBN 3-574-26045-8; 35,00 Eur-D (inkl. CD-ROM)

Chesher, M; Kaura, R; Linton, P: Electronic Business: New Era for Collaborative Electronic Commerce, (Springer) 2002, ISBN 1-85233-584-X; Preis auf Anfrage

Corsten, D; Gabriel, C (Hrsg.): Supply Chain Management erfolgreich umsetzen: Grundlagen, Realisierung und Fallstudien, (Springer) 2002, ISBN 3-540-67525-6; 44,95 Eur-D

Egli, J: Transportkennlinien: Ein Ansatz zur Analyse von Materialflusssystemen, (Praxiswissen) 2002, ISBN 3-932775-83-X; 50,11 Eur-D

Eichler, B: Beschaffungsmarketing und -logistik: Eine prozessorientierte Einführung in das Beschaffungsmanagement, (Neue Wirtschafts-Briefe) 2002, ISBN 3-482-53791-7; 29,90 Eur-D

Fahrni, F; Völker, R; Bodmer, C: Erfolgreiches Benchmarking in Forschung und Entwicklung, Beschaffung und Logistik, (Hanser) 2002, ISBN 3-446-21790-8; 39,90 Eur-D

Häusler, P: Integration der Logistik in Unternehmensnetzwerken: Entwicklung eines konzeptionellen Rahmens zur Analyse und Bewertung der Integrationswirkungen, (Lang) 2002, ISBN 3-631-38976-0; 50,10 Eur-D

Knolmayer, G; Mertens, P; Zeier, A: Supply Chain Management Based on SAP Systems: Order Management in Manufacturing Companies, (Springer) 2002, ISBN 3-540-66952-3; 42,75 Eur-D

Müglich, A: Transport- und Logistikrecht, (Vahlen) 2002, ISBN 3-8006-2810-4; Preis in Vorbereitung

Noche, B: Distributionslogistik: Unternehmenspraxis und Simulation, (Springer) 2002, ISBN 3-540-67608-2; 69,95 Eur-D

Schönsleben, P: Integrales Logistikmanagement: Planung und Steuerung von umfassenden Geschäftsprozessen, 3. Aufl., (Springer) 2002, ISBN 3-540-42655-8; 89,95 Eur-D

Störmer, O: Neue Wege in der eEconomy: Joint Ventures von Beratungs- und Kundenunternehmen: Synergie im Supply Chain Management-Modell ‚Fourth Party Logistics‘, (Kovac) 2002, ISBN 3-8300-0454-0; 115,00 Eur-D

Wannenwetsch, H (Hrsg.): E-Logistik und E-Business, (Kohlhammer) 2002, ISBN 3-17-017294-8; 26,00 Eur-D

Wiendahl, H (Hrsg.): Erfolgsfaktor Logistikqualität: Vorgehen, Methoden und Werkzeuge zur Verbesserung der Logistikleistung, 2. Aufl., (Springer) 2002, ISBN 3-540-42362-1; 44,95 Eur-D

Wildemann, H: Supply Chain Management: Leitfaden für unternehmensübergreifendes Wertschöpfungsmanagement, 3. Aufl., (TCW) 2002, ISBN 3-931511-42-1; 250,00 Eur-D

Zentes, J; Swoboda, B; Morschett, D (Hrsg.): B2B-Handel: Perspektiven des Groß- und Außenhandels, (Deutscher Fachverlag) 2002, ISBN 3-87150-798-9; 52,00 Eur-D

Logistik-Management
Anleitung zum Einsortieren

Sehr geehrte Abonnentin, sehr geehrter Abonnent,
das achte Service Journal bringt Ihr Expertensystem *Logistik-Management* auf den neuesten Stand. Bitte ordnen Sie die einzelnen Teile nach folgendem Schema ein:

Grundwerk	Folgelieferung
Das nehmen Sie heraus	**Das ordnen Sie ein**
Ordner 1	**Ordner 1**

	Anzahl der Seiten		Anzahl der Seiten
Das bisherige Titelblatt (Stand April 2002)	2	Das neue Titelblatt (Stand Juli 2002)	2
Das bisherige Inhaltsverzeichnis Band 1 *(Seite V–VII)*	3	Das neue Inhaltsverzeichnis Band 1 *(Seite V–VIII)*	4

Teil 1 Einführung

1 ∎ 03		**1 ∎ 03**	
Das bisherige Stichwortverzeichnis *(Seite 1–12)*	12	Das neue Stichwortverzeichnis *(Seite 1–13)*	13
1 ∎ 04		**1 ∎ 04**	
Herausgeberverzeichnis *(Seite 1–2)*	2	Herausgeberverzeichnis *(Seite 1–2)*	2
1 ∎ 05		**1 ∎ 05**	
Autorenverzeichnis *(Seite 47)*	1	Die Egänzung „Autoren des Service Journal 8" im Anschluss an das Autorenverzeichnis *(Seite 47–51)*	5

Grundwerk	Folgelieferung
Das nehmen Sie heraus	**Das ordnen Sie ein**
Ordner 1	**Ordner 1**
Anzahl der Seiten	Anzahl der Seiten

Teil 3 Umfeld und Trends

Das bisherige Inhaltsverzeichnis von Teil 3 *(Seite 1–2)*	2	Das neue Inhaltsverzeichnis von Teil 3 *(Seite 1–2)*	2
		3 ∎ 02 ∣ 02 Das neue Kapitel „Internationaler Rechtsrahmen der Logistik" nach dem Kapitel 3.02.01 und vor das Kapitel 3.03 *(Seite 1–14)*	14

Teil 5 Methoden und Tools

Das bisherige Inhaltsverzeichnis von Teil 5 *(Seite 1)*	1	Das neue Inhaltsverzeichnis von Teil 5 *(Seite 1–2)*	2
		5 ∎ 01 ∣ 03 Das neue Kapitel „Einsatz der ereignisorientierten Simulation und Möglichkeiten zur Logistikanalyse am Beispiel einer Multi-Ressourcen-Fertigung" nach dem Kapitel 5.01.02 und vor das Kapitel 5.01.05 *(Seite 1–22)*	22
		5 ∎ 01 ∣ 04 Das neue Kapitel „Simulationsgestützte Planung wandlungsfähiger industrieller Strukturen für effiziente Produktkreisläufe" nach dem Kapitel 5.01.03 und vor das Kapitel 5.01.05 *(Seite 1–20)*	20

ndwerk
nehmen Sie heraus
ner 2

Folgelieferung
Das ordnen Sie ein
Ordner 2

Teil 8 Handelslogistik/Logistik in Handelsunternehmen

■ Springer Experten System

H. Baumgarten, H.-P. Wiendahl, J. Zentes (Hrsg.)

Logistik-Management

Strategien – Konzepte – Praxisbeispiele

Juli 2002

Band 1

Springer

Professor Dr.-Ing. Helmut Baumgarten
Geschäftsführender Direktor, Technische Universität Berlin
Fakultät Wirtschaft und Management
Institut für Technologie und Management
Bereich Logistik
Hardenbergstraße 4–5, 10623 Berlin

Professor Dr.-Ing. Dr.-Ing. E.h. Hans-Peter Wiendahl
Universität Hannover, Institut für Fabrikanlagen
Callinstraße 36, 30167 Hannover

Professor Dr. Joachim Zentes
Institut für Handel und Internationales Marketing
an der Universität des Saarlandes
Im Stadtwald, Geb. 15, 66123 Saarbrücken

Geschäftliche Post bitte ausschließlich
an Springer-Verlag GmbH & Co. KG, Auslieferungsgesellschaft
Kundenservice, zu Hd. von Frau Heike Ziegler
Haberstr. 7, 69126 Heidelberg, Fax (06221)345-229

ISBN 978-3-540-43716-1   ISBN 978-3-662-25373-1 (eBook)
DOI 10.1007/978-3-662-25373-1

http://www.springer.de

Redaktion: Renate Arndt, Oppelner Straße 1, 69124 Heidelberg
Ansprechpartner im Verlag: Herr Thomas Lehnert, Berlin

Herstellung: PRO EDIT GmbH, Heidelberg
Umschlaggestaltung: de'blik, Berlin
Datenkonvertierung: K+V Fotosatz GmbH, Beerfelden

Gedruckt auf säurefreiem Papier   SPIN 10880460   68/3130/Di

Inhaltsverzeichnis Band 1

Juli 2002

Stichwortverzeichnis 1 ∎ 03

1

3

9

Juli 2002

Herausgeberverzeichnis 1 ∎ 04

Juli 2002

∎ *Baumgarten, Helmut, Prof. Dr.-Ing.*
Firma/Institut: Technische Universität Berlin, Fakultät
Wirtschaft und Management, Institut für Technologie
und Management, Bereich Logistik.
Funktion: Geschäftsführender Direktor.
Beschreibung des Unternehmens: Größte Ausbildungsin-
stitution für den Bereich Logistik in Europa, Forschungs-
und Praxisprojekte im Bereich Logistik unter der Leitung
von Prof. Baumgarten.
Tätigkeitsschwerpunkte/Kernkompetenzen: Logistik-Management, Logistik-Technologien, Verkehrslogistik, Unter-
nehmensstrukturplanung, Materialflusstechnik, Entsorgungslogistik, PC-gestützte Logistikplanung, Entwurf und
Planung logistischer Systeme, Beschaffungslogistik, Glo-
bal Supply Chain Management, Trends und Strategien in
der Logistik, Internationale Logistik-Systeme der Ent-
wicklungs- und Schwellenländer, Logistik-Praxisseminar.
Erfahrungen: Gründer und (Mehrheits-)Gesellschafter
von Beratungs- und Planungsunternehmen wie der LMC
International Holding für Logistik und Management
Consulting GmbH, der Zentrum für Logistik und Unter-
nehmensplanung GmbH (ZLU) und der Logplan GmbH,
Mitinitiator mehrerer Neugründungen von innovativen
Unternehmen wie der Pixelpark AG, Mitglied und Vorsit-

zender zahlreicher Beiräte und Kommissionen, mehr als 300 Veröffentlichungen im Bereich Logistik.

Assistentin

▪ *Darkow, Inga-Lena, Dr. Ing.*
Firma/Institut: Technische Universität Berlin, Fachbereich Wirtschaft und Management, Institut für Technologie und Management, Bereich Logistik.
Funktion: Wissenschaftliche Mitarbeiterin.
Beschreibung des Unternehmens: s. oben.
Tätigkeitsschwerpunkte/Kernkompetenzen: Logistik-Controlling, Versorgungsmanagement, Beschaffungslogistik.
Erfahrungen: Mitarbeit an Reorganisationsprojekten, Mitarbeit an europäischen Forschungsprojekten, Organisation und Durchführung von Lehrveranstaltungen.
Promotion zum Thema „Logistik-Controlling in der Versorgung".

Erfahrungen: Studium des Maschinenbaus an der Universität Hannover und der University of Wollongong/ Australien. Seit 2000 wissenschaftlicher Mitarbeiter am Institut für Fabrikanlagen.

▪ *Zentes, Joachim,* Prof. Dr. (Siehe Grundwerk 1.04)

Autoren des Service Journal 8 vom Juli 2002

▪ *Baumgarten, Helmut,* Prof. Dr.-Ing. (Siehe Grundwerk 1.04)

▪ *Franzke, Stefan,* Dr.-Ing.
Firma/Institut: IPH – Institut für Integrierte Produktion Hannover gemeinnützige GmbH.
Funktion: Geschäftsführer.
Beschreibung des Unternehmens: Das IPH – Institut für Integrierte Produktion Hannover gemeinnützige GmbH ist Partner der Wirtschaft und Katalysator für gemeinsame Forschungsprojekte von Industrie und Wissenschaft. Als Forschungs-, Entwicklungs- und Beratungsdienstleister unterstützt das IPH insbesondere mittelständische Produktionsunternehmen bei der Umsetzung von Know-how aus den Bereichen Produktionstechnologie, technische Informationssysteme, Betriebsorganisation und Produktionslogistik. Parallel beschäftigt sich das IPH als Forschungseinrichtung mit der Erforschung und Weiterentwicklung von anwendungsorientierten Fragestellungen der Produktionstechnik und mit dem Transfer der Forschungsergebnisse in die Wirtschaft.

Juli 2002

Tätigkeitsschwerpunkte/Kernkompetenzen: Produktionstechnologie, technische Informationssysteme, Betriebsorganisation und Produktionslogistik.
Erfahrungen: Maschinenbaustudium in Hannover. Von 1996 bis 2001 Projektingenieur am IPH. 2001 Promotion im Themengebiet „Technologieorientierte Kompetenzanalyse produzierender Unternehmen". Seitdem Geschäftsführer am IPH.

▌ *Gimmler, Karl-Heinz*
Firma/Institut: Jurolog EWIV, Europäische wirtschaftliche Interessenvereinigung von Transport- und Logistikrechtsanwälten, Höhr-Grenzhausen und Apolda.
Funktion: Geschäftsführender Gesellschafter, Rechtsanwalt/Fachanwalt für Steuerrecht.
Tätigkeitsschwerpunkte/Kernkompetenzen: Beratung von Transportunternehmen, Logistikdienstleister und Verlader aus dem mittelständischen Bereich sowie Großkonzerne in Fragen des Transport- und Logistikrechts.
Erfahrungen: Studium der Rechtswissenschaften und Politologie an der Universität Bonn. 1985 zweites juristisches Staatsexamen. 1988 Zulassung als Rechtsanwalt, seit 1992 Fachanwalt. Seit langen Jahren Dozent und seit 2001 Fachbereichsleiter für Recht und Steuern an der Deutschen Logistik Akademie. Zahlreiche Referententätigkeit sowie Herausgeber und Autor zahlreicher Fachpublikationen. Ständiger Autor und Kommentator zu aktuellen Rechtsfragen in Transport und Logistik in der Deutschen Verkehrszeitung (DVZ). Aufsichtsratvorsitzender der IFB AG Magdeburg, Mitglied im Fachbeirat des Transeuro-Clubs und Koope-

Juli 2002

rationspartner des Fraunhofer Instituts für Fabrikplanung und Automation (IFA).

∎ *Gleich von, C. Fabian*, Dipl.-Ing.
Firma/Institut: IPH – Institut für Integrierte Produktion Hannover gemeinnützige GmbH.
Funktion: Projektingenieur.
Beschreibung des Unternehmens: Siehe bei Franzke.
Tätigkeitsschwerpunkte/Kernkompetenzen: Produktionsmanagement und Verfügbarkeitssicherung von Produktionsanlagen.
Erfahrungen: Studium des Maschinenbaus an der Technischen Universität Hamburg-Harburg und der University of Manchester, England. Danach Tätigkeit für eine führende strategische Unternehmensberatung und seit 1997 Mitarbeiter im IPH im Fachgebiet Logistik mit den Schwerpunkten Fabrikplanung, Fertigungstiefenplanung, Prozesskettenplanung und Lieferantenmanagement.

∎ *Mertins, Fin*, Dipl.-Ing.
Firma/Institut: IPH – Institut für Integrierte Produktion Hannover gemeinnützige GmbH.
Funktion: Projektingenieur.
Beschreibung des Unternehmens: Siehe bei Franzke.
Tätigkeitsschwerpunkte/Kernkompetenzen: Produktionsplanung, Ablaufsimulation von Produktionssystemen.
Erfahrungen: Studium des Maschinenbaus an der Universität Hannover und Denmarks Tekniske Universitet, Lyngby, Dänemark. Seit 2000 Mitarbeiter im IPH im Fachgebiet Logistik.

49

∎ *Plag, Martina*
Firma/Institut: Hachenberg & Richter Gesellschaft für Beratung und Projektmanagement Hannover mbH.
Funktion: Unternehmensberaterin.
Beschreibung des Unternehmens: Unternehmensberatung in marktführenden Unternehmen des privaten Dienstleistungsbereiches mit den Schwerpunkten Arbeitszeitberatung (Entwicklung und Einführung variabler Arbeitszeitsysteme), Beratung bei Restrukturierungsprozessen und Veränderung der Arbeitsorganisation.
Tätigkeitsschwerpunkte/Kernkompetenzen: Entwicklung und Einführung variabler Arbeitszeitsysteme, fachliche Beratung und Prozessmanagement.
Erfahrungen: Mehrjährige Erfahrung bei der Durchführung von Arbeitszeitprojekten in marktführenden Unternehmen des privaten Dienstleistungsbereiches.

∎ *Reinsch, Steffen, M.Sc.*
Firma/Institut: IPH – Institut für Integrierte Produktion Hannover gemeinnützige GmbH.
Funktion: Abteilungsleiter Logistik, Prokurist.
Beschreibung des Unternehmens: Siehe bei Franzke.
Tätigkeitsschwerpunkte/Kernkompetenzen: Produktionsmanagement, Methoden zur Durchlaufzeitreduzierung und Bestandsanalyse in der Lieferkette, Warteschlangenbasierte Simulation von Fertigungsprozessen.
Erfahrungen: Studium des Maschinenbaus an der Universität Hannover und University of Wisconsin, Madison, USA. Seit 1999 Mitarbeiter im IPH im Fachgebiet Logistik. Abteilungsleitung der Abteilung Logistik, Prokurist und somit stellvertretender Geschäftsführer. Praktische Erfahrungen wurden in Industrie-

projekten zu den Tätigkeitsschwerpunkten gesammelt (s.o.).

█ *Sommer-Dittrich, Thomas,* Dipl.-Ing.
Firma/Institut: Technische Universität Berlin, Fakultät VIII Wirtschaft und Management, Institut für Technologie und Management, Bereich Logistik.
Funktion: Wissenschaftlicher Mitarbeiter im Sonderforschungsbereich „Demontagefabriken".
Beschreibung des Unternehmens: Siehe bei Baumgarten Helmut Prof. Dr.-Ing. (Grundwerk 1.04).
Tätigkeitsschwerpunkte/Kernkompetenzen: Wandlungsfähigkeit von Produktionsstrukturen, Entsorgungslogistik, Environmental Services, Mobile Produktionsstrukturen, Simulation, Betreiberkonzepte.
Erfahrungen: Projektmitarbeit Fabrikplanung. Umbauprojekt urbaner Infrastruktur.

█ *Zentes, Joachim,* Prof. Dr. (Siehe Grundwerk 1.04)

Teil 3 ▌Umfeld und Trends

Inhalt

Juli 2002

Internationaler Rechtsrahmen der Logistik 3 ∎ 02 | 02
Karl-Heinz Gimmler

INHALTSÜBERBLICK

Das Logistik- und Transportrecht ist heute mehr denn je überlagert von Rechtsnormen, die auf internationale Übereinkommen oder internationales Gewohnheitsrecht zurückgehen und in den Vertragsstaaten den Rang unmittelbar anwendbaren innerstaatlichen Rechts haben. Deshalb ist es unabdingbar, bei Geschäften mit internationaler Berührung die rechtlichen Rahmenbedingungen zu kennen und das eigene Auftreten am Markt darauf abzustimmen. Dies betrifft vor allem Inhalt und Abschluss von Verträgen als auch das Einhalten bestimmter Rügefristen, die Beachtung von besonderen Verjährungsfristen usw.

Internationales Recht im Einzelnen – eine Einleitung
Versteht man unter Logistik ein breit gefächertes Spektrum verschiedenster Tätigkeiten, wird man schnell feststellen, dass zahlreiche anwendbare Rechtsvorschriften existieren. So sind allein in Deutschland das Frachtgeschäft, der Lagervertrag, das Speditionsgeschäft und der Werkvertrag einzeln geregelt und jeweils besonderen Vorschriften unterworfen. In ausländischen Rechtsordnungen ist dies oftmals ähnlich.

Vielzahl von Rechtsvorschriften anwendbar

Das bedeutet, dass man unweigerlich in der internationalen Logistik mit vielen verschiedenen Rechtsordnungen in Berührung kommt. Eine Ausnahme bilden hierbei jedoch die Regeln über internationale Transporte. Hier hat sich eine nennenswerte Anzahl von Staaten auf einheitliche Regelwerke einigen können, die jeweils nach Verkehrsträgern differenziert sind. Bei den Regelwerken sind an dieser Stelle vor allem CMR, CIM und WA aufzuführen.

Vereinheitlichung internationaler Kaufverträge

Auch internationale Kaufverträge sind rechtlich vereinheitlicht. So ist das so genannte „UN-Kaufrecht" (CISG) ein weit verbreitetes, internationales Rechtswerk, das bei einer Vielzahl von internationalen Kaufverträgen Anwendung findet. Im Zusammenhang mit internationalen Kaufverträgen sind auch die INCOTERMS 2000 zu erwähnen, mit denen die Parteien eines Kaufvertrages, der die Versendung des Gutes beinhaltet, die Gefahr- und Kostentragungspflichten festlegen. Dies kann auch für die Logistik von Belang sein, da von den vom Einkauf oder Verkauf des Unternehmens ausgehandelten Konditionen Fragen wie die Besorgung oder Bezahlung des Transportes sowie der Versicherung abhängen.

Zentrale Bedeutung für den internationalen Rechtsrahmen der Logistik hat mithin das internationale, vereinheitlichte Transportrecht. Ausgehend von dem am meisten verbreiteten Transport auf der Straße werden auch weitere Transportmodalitäten wie der Eisenbahn- oder Luftfrachtverkehr unter Einbeziehung von Rechtsfragen zum multimodalen Transport behandelt.

Straßengütertransport

Straßengüter-transport (CMR)

Das Recht des internationalen Straßengütertransports wird im europäischen Raum beherrscht von dem weit verbreiteten „Übereinkommen über den Beförderungsvertrag im internationalen Straßengüterverkehr", bekannt unter der Abkürzung CMR. Für den grenzüberschreitenden Güterverkehr sind die Vorschriften der CMR unabdingbar, d. h. die CMR gilt zwingend auch dort, wo die Parteien nicht die Geltung der CMR vereinbart haben oder den CMR-Vermerk nicht in den Frachtbrief aufgenommen haben.

Anwendung und Auslegung von internationalen Abkommen folgen anderen Regeln als die rein nationalen,
deutschen Gesetze. Dies führt immer wieder zu Unsicherheiten in der praktischen Anwendung, so auch hinsichtlich des Anwendungsbereiches der CMR.

BEISPIELE:

▮ *Nur einer der beiden Staaten, in denen der Transport
stattfindet, hat die CMR ratifiziert. Das Abkommen für
diesen Transport hat hier Geltung (vgl. §1 Absatz 1
CMR).*

▮ *Der Schadensfall tritt im deutschen Staatsgebiet auf.
Auch hier hat die CMR Geltung. Die CMR gilt einheit-
lich für die gesamte, d.h. auch die innerdeutsche, Stre-
cke. Ihre Geltung erstreckt sich auf den gesamten in-
nerdeutschen Beförderungsabschnitt auch dann, wenn
der ausländische Transportabschnitt kaum ins Gewicht
fällt (so der Bundesgerichtshof).*

▮ *Ein Spediteur befördert ein Gut zu festen Kosten von
Land A nach Land B (§459 HGB). Auch er unterliegt
der CMR, da er wegen der Fixkostenbeförderung die
Rechte und Pflichten eines Frachtführers hat. Gleiches
gilt für den selbsteintretenden Spediteur und den Sam-
melladungsspediteur, so die ständige Rechtsprechung
des BGH (Fremuth/Thume, TranspR-Komm., Art. 1
CMR Rn. 4).*

▮ *Verhältnis der CMR zu den „Allgemeinen Deutschen
Speditionsbedingungen" (ADSp): Die Vorschriften der
CMR sind zwingendes innerstaatliches Recht, die durch
die ADSp nicht abgedungen werden. Gleichwohl
können die ADSp in den Bereichen, welche die CMR
selbst nicht regelt, Anwendung finden.*

Juli 2002

3

Ein Augenmerk ist ferner auf die Haftungsbestimmungen zu richten. Gemäß Art. 17 CMR haftet der Frachtführer für Verlust und Beschädigung des Gutes sowie für verspätete Ablieferung des Gutes.

Haftungszeitraum

Haftungszeitraum von der Frachtübernahme bis zur Ablieferung

Der Frachtführer haftet von der Übernahme bis zur Ablieferung dafür, dass er das Gut vollständig und unbeschädigt abliefern kann. Die Übernahme setzt dabei voraus, dass der Frachtführer willentlich selbst oder durch seine Gehilfen auf Grund eines wirksamen Frachtvertrages den unmittelbaren oder mittelbaren Besitz erwirbt. Bis zur Ablieferung ist der Frachtführer für das Schicksal des Gutes verantwortlich.

> **! Merke:** Eine fehlerfreie Ablieferung ist wichtig, um etwaige Streitigkeiten darüber, wer die Obhut über das Gut hatte und demzufolge für den Verlust o. ä. haften muss, zu vermeiden.

Bei der Ablieferung muss der Frachtführer den Gewahrsam am Gut mit Einverständnis des Empfängers aufgeben und diesen in Stand setzen, die tatsächliche Gewalt über das Gut auszuüben.

BEISPIEL: *Keine ordnungsgemäße Ablieferung im Sinne der CMR liegt vor, wenn das Gut am Bestimmungsort eintrifft und der Empfänger lediglich davon unterrichtet wird mit der Aufforderung, die Ware abzuholen. Schäden, die nach der Ablieferung verursacht werden, sind nicht nach Art. 17 CMR zu ersetzen. Insoweit ist ergänzend nationales Recht heranzuziehen.*

4

Haftungsausschluss

Der Frachtführer muss grundsätzlich für Verlust und Beschädigung des Gutes haften. Auch hier gibt es jedoch Ausnahmen. Die CMR legt eine Anzahl von Fällen fest, in denen die Haftung des Frachtführers ausgeschlossen sein kann, so z. B. bei unvermeidbaren, unabwendbaren Schäden, wenn der Schaden auf einer Weisung des Absenders beruht oder der Absender das Gut fehlerhaft verpackt oder verstaut hat.

Haftungshöhe

Die Aufstellung der Schadensersatzsumme erfolgt nach dem Wert des Gutes am Ort und zur Zeit der Übernahme zur Beförderung (Art. 23 CMR). Bei Verlust ist diese Entschädigung der Höhe nach gesetzlich auf 8,33 Sonderziehungsrechte (SZR) pro Kilogramm des Rohgewichts der Sendung beschränkt. Fracht, Zölle und sonstige aus Anlass der Beförderung des Gutes entstandenen Kosten sind vom Beförderer zurückzuerstatten.

> Haftungshöhe
> nach Wert und Zeit
> der Übernahme

Eine Überwindung obiger Haftungsbegrenzung ist nach Art. 24 CMR durch eine besondere Vereinbarung möglich. Hier besteht also Spielraum für eine vertragliche Abweichung von der ansonsten meist zwingenden, also nicht vertraglich abänderbaren, CMR.

> **! Merke:** Wird sehr wertvolles Gut versandt, empfiehlt es sich für den Absender, eine Sonderabsprache zur Haftungshöhe zu vereinbaren.

Ist das Gut in der Obhut des Frachtführers nur beschädigt worden, so orientiert sich die Haftung an der erlittenen Werteinbuße. Regelmäßig beträgt die Haftung jedoch

> Beschädigungs- und
> Verspätungsschäden

nicht mehr als der Betrag, der bei völligem Verlust zu zahlen wäre. Bei Verspätungsschäden ist die Schadensersatzleistung grundsätzlich auf die Höhe der Fracht begrenzt.

In allen Fällen sind höhere Entschädigungssummen bei dem Vorliegen eines so genannten „besonderen Lieferungsinteresses" möglich (Art. 26 CMR). Der Frachtführer kann in solchen Fällen einen besonderen Zuschlag zur Fracht verlangen. Die ADSp mit ihrer pauschalen Haftungsbeschränkung auf 5 Euro pro Kilogramm greifen insbesondere auch bei den Haftungsbestimmungen nicht. Die Haftung nach CMR erfolgt ohne Rücksicht auf die ADSp.

Verjährung

Verjährungsfristen von bis zu drei Jahren

Nach Art. 32 CMR verjähren Ansprüche aus einer der CMR unterliegenden Beförderung grundsätzlich nach einem Jahr. Ist das schadensauslösende Ereignis auf Vorsatz oder ein diesem gleichstehendes Verschulden zurückzuführen, kann die Verjährungsfrist drei Jahre betragen. Der Anwendungsbereich des Art. 32 CMR ist nicht auf die Ansprüche aus dem internationalen Beförderungsvertrag beschränkt. Erfasst sind vielmehr alle Ansprüche, die in einem sachlichen Zusammenhang mit der Beförderung stehen, also auch solche nach dem ergänzend anwendbaren nationalen Recht sowie außervertragliche Ansprüche.

Auch im deutschen Frachtvertragsrecht beträgt die regelmäßige Verjährungsfrist ein Jahr (§ 439 HGB). Es ist mithin mit der gleichen Geschwindigkeit zu reagieren, um die Verjährung der Ansprüche zu verhindern, z.B. durch Klageeinreichung.

Internationale Güterbeförderung auf der Schiene
Beförderungsverträge mit der Eisenbahn sind im internationalen Abkommen „Einheitliche Rechtsvorschriften für den Vertrag über die internationale Eisenbahnbeförderung von Gütern", abgekürzt CIM, geregelt.

Internationale Güter-
beförderung auf der
Schiene (CIM)

Anwendbarkeit
Die CIM von 1980 (geändert durch das Protokoll von 1990) findet Anwendung auf alle Sendungen von Gütern, die mit durchgehendem (CIM-) Frachtbrief zur Beförderung auf einem Weg aufgegeben werden, der die Gebiete mindestens zweier Mitgliedstaaten berührt und ausschließlich Linien umfasst, die in der Liste der Linien gemäß Art. 3 und 10 COTIF (Convention concerning International Carriage by Rail) eingetragen sind. Bezieht ein durchgehender (Eisenbahn-) Frachtvertrag auch Teilstrecken ein, die nicht eingetragene CIM-Linien sind, ist auf den gesamten Vertrag die CIM nicht anwendbar.

Vertragsschluss nach CIM
Der internationale Eisenbahnfrachtvertrag ist von der Rechtsnatur her ein Real- und Formalvertrag, der durch Übernahme von Gut und Frachtbrief zustande kommt (Art. 11 §1 CIM). Diese komplizierte Rechtsfigur zu kennen, ist für den Praktiker insofern von großer Bedeutung, als erst mit Übernahme von Gut und Frachtbrief ein rechtlich wirksamer Vertrag zustande kommt.

Frachtbriefzwang

> **!** **Merke:** Ohne Frachtbrief-Übergabe existiert kein gültiger Vertrag und damit – je nach Seite – kein Anspruch auf Entgelt bzw. keine vertraglichen Schadensersatzansprüche, d.h., es herrscht Frachtbriefzwang.

7

Haftung des Beförderers
Der Beförderer haftet für Verlust oder Beschädigung des
Gutes in der Obhutszeit sowie für Schäden durch Überschreitung der Lieferfrist. Die Haftung entfällt bei unab-
wendbarem Ereignis. Die Höchstentschädigungen betragen
bei Verlust und Beschädigung 17 SZR je Kilogramm und bei
Lieferfristüberschreitung das Vierfache der Fracht.
Anspruchsgegner des Versenders kann z. B. die Deutsche Bahn AG, DB Cargo sein. Für deren Transporte werden regelmäßig so genannte „Allgemeine Leistungsbedin-
gungen" (ALB) vereinbart. Die dortige summenmäßige
Haftungsbegrenzung findet schon dem Wortlaut nach auf
internationale Beförderungen keine Anwendung, liegt sie
deutlich unterhalb des Wertes der CIM.

EIN WEITERES BEISPIEL: *Es versendet ein Produktions-*
standort des Konzerns Halberzeugnisse an einen in einem
anderen Staat gelegenen Betrieb des Konzerns per Bahn.
Für diesen Beförderungsvertrag soll die CIM gelten. Beson-
dere Absprachen wurden nicht getroffen. Beim Transport
auf der Bahnstrecke wird das Gut völlig zerstört. Der Ab-
sender hat einen Schadensersatzanspruch gegen das Bahn-
unternehmen, dabei soll es sich hier um die Deutsche
Bahn AG, DB Cargo handeln. Die Haftungshöhe beträgt
dabei nicht etwa 10 Euro (8,33 SZR) wie in Ziffer 12.1. für
nationale Transporte bestimmt ist, sondern die in der
CIM vorgesehenen 17 SZR pro Kilogramm der Sendung.

Verjährung

Verjährungsfristen von
bis zu zwei Jahren

Gem. Art. 58 §1 CIM verjähren Ansprüche aus dem
Beförderungsverhältnis regelmäßig in einem Jahr. In Aus-
nahmefällen verlängert sich diese Frist auf zwei Jahre
(Art. 58 §2 CIM).

Internationale Luftfrachtbeförderung

Der internationale Luftfrachtverkehr wird regiert von dem „Abkommen zur Vereinheitlichung von Regeln über die Beförderung im internationalen Luftverkehr" (in der Fassung des Haager Protokolls), dem so genannten Warschauer Abkommen (WA).

Internationale Luftfrachtbeförderung – das Warschauer Abkommen (WA)

Dieses regelt als Spezialabkommen nur einzelne, besonders wichtige und vereinheitlichungsbedürftige Punkte des Luftbeförderungsvertrages. So enthält das Warschauer Abkommen im Wesentlichen haftungsrechtliche Sonderbestimmungen (zwingender Natur) und Regelungen für Beförderungsdokumente, z. B. Luftfrachtbrief, sowie Verfügungsrechte von Absender und Empfänger.

Zur Ergänzung von Regelungslücken des WA ist – wie bei anderen internationalen Abkommen auch – nationales Recht heranzuziehen, d. h., wenn deutsches Recht anwendbar ist, sind die Vorschriften des BGB, insbesondere des Werkvertragsrechts entsprechend anzuwenden.

Anwendungsbereich

Das Warschauer Abkommen gilt für jede Luftbeförderung (vgl. Art. 1), sofern folgende vier Voraussetzungen erfüllt sind. Es muss ein Vertrag zwischen den Parteien bestehen, welcher zudem zwingend eine Luftbeförderung zum Inhalt hat. Diese Luftbeförderung muss international sein und letztlich muss die Entgeltlichkeit der Beförderung vereinbart sein.

Ergänzt werden die luftrechtlichen Vorschriften durch die AGB der Luftverkehrsgesellschaften, sofern diese in den Vertrag einbezogen wurden. Z. B. werden bei Abschluss eines Frachtvertrages mit der Deutschen Lufthansa regelmäßig die Allgemeinen Beförderungsbedingungen für Fracht zu Grunde gelegt.

9

Haftung

Die Haftung des Luftfrachtführers nach dem WA für Güter- oder Verspätungsschäden basiert auf einem vermuteten Verschulden desselben oder seiner Gehilfen. Den Beweis für ein Verschulden des Luftfrachtführers muss i. d. R. nicht der Absender erbringen. Vielmehr muss der Frachtführer darlegen, dass ihn kein Verschulden an der Schadensentstehung trifft.

Haftungshöhe vertraglich fixiert

Die Haftungshöhe ist im Abkommen vorgeschrieben. Ein vertragliches Abweichen hiervon ist in Art. 23 ausdrücklich ausgeschlossen – von Ausnahmen allerdings abgesehen.

Ist das Gut beschädigt am Zielort angekommen, so muss der Empfänger unverzüglich, spätestens aber 14 Tage nach der Annahme dem Luftfrachtführer Anzeige erstatten. Im Falle einer Verspätung muss die Anzeige binnen 21 Tagen erfolgen. Wird diese Frist versäumt, verliert der Empfänger seine Ansprüche gegen den Luftfrachtführer, soweit dieser nicht arglistig gehandelt hat. Die Einhaltung der Anzeigefrist ist mithin von großer Bedeutung, wenn konkrete Schadensersatzansprüche geltend gemacht werden. Sie bedarf der Schriftform und muss die wesentlichen Einzelheiten der Beanstandung enthalten. Schließt sich an die Schadensanzeige z. B. eine Klage auf Schadensersatz an, muss diese nach Art. 29 WA innerhalb der regelmäßigen Verjährungsfrist von zwei Jahren erhoben werden.

Gemischte Transporte und Zubringer-Transporte

Geltungsbereich bei sog. gemischten Transporten

Artikel 31 WA regelt die Anwendbarkeit des Abkommens auf sogenannte gemischte Transporte. Bei einer derartigen Beförderung ist vertraglich eine Aufteilung der Beförderung auf verschiedene Teilstrecken, die jeweils mit

10

unterschiedlichen Beförderungsmitteln zurückgelegt werden, vorgesehen. Die nicht-luftgetragene Beförderung ist hierbei ein gleichgewichtiger Bestandteil der Gesamtleistung und nicht lediglich eine untergeordnete Hilfsleistung.

> **!** **Merke:** Bei gemischten Beförderungen gilt das WA zwingend nur für die internationale Luftbeförderung. Die restliche Strecke kann anderen Bestimmungen unterworfen werden.

Anders ist die Rechtslage bei den so genannten Zubringer-Transporten. Diese werden lediglich als ein unselbstständiges „Anhängsel" zur Luftbeförderung betrachtet. Im Zusammenhang mit Zubringerdiensten stellt das WA in Art. 18 Abs. 3 die Vermutung auf, dass der Schaden während der Luftbeförderung eingetreten ist. Damit ist also auch ein vor- oder nachgeschalteter Oberflächentransport in solchen Haftungsfragen dem Rechtsregime des Luftfrachtverkehrs unterworfen.

FAZIT

Der Beitrag skizziert die Fragestellungen, die im Zusammenhang mit grenzüberschreitenden Gütertransporten zu beachten sind. Er zeigt dabei die Komplexität auf, die auf Grund der Vielzahl sektoraler internationaler Rechtsnormen mit zum Teil bedeutenden Regelungslücken, in Verbindung mit den dann geltenden, relevanten nationalen Rechtssystemen, entsteht.

Somit wird deutlich, dass auch vor diesem Hintergrund internationale Warentransporte bzw. die

11

Klärung von Rechtsfragen oder etwaiger Rechts-
streitigkeiten, die in diesem Kontext entstehen, ein
wichtiges Aufgabenspektrum bzw. Kernkompetenz-
feld logistischer Dienstleister darstellt. Dies gilt
gleichermaßen für auf internationale Fragestellungen spezialisierte Rechtsexperten.

Auf Grund der zunehmenden Internationalität
der Güterverkehre und einer Veränderung der Sen-
dungsstrukturen ist ein weiterer Komplexitäts-
anstieg für die ohnehin bereits diffizile Thematik
der internationalen Güterverkehre zu erwarten.
Waren es früher in großem Umfang großvolumige
Massentransporte, die auf dem Seeweg über große
Entfernungen transportiert wurden, so steigt seit
Jahren der Anteil an zeitkritischen, kleinvolumigen
Sendungen – oftmals aber mit hochwertigen
Gütern bzw. Komponenten – deutlich an. Diese
Entwicklung wird beispielsweise durch den in den
letzten Jahren zu beobachtenden Anstieg des Luft-
frachtverkehrs und die damit einher gehenden Re-
gelungen innerhalb des Warschauer Abkommens
belegt.

Führt man sich die in dem Beitrag angesproche-
nen Regelungslücken der internationalen Abkommen im Luftfrachtverkehr vor Augen, die im Ein-
zelfall doch einen Rückgriff auf einzelstaatliches
Recht bedeuten können, so wird die Komplexität
deutlich, mit der sich ein international stark ver-
flochtenes Unternehmen in diesem Sektor aus-
einander zu setzen hat. Gerade die Fragen der Haftung bei logistisch bedingten Lieferausfällen, die
bei zeitkritischen Transporten hohe Folgekosten

Juli 2002

– etwa durch Stillstände in der Produktion – nach sich ziehen, haben in diesem Zusammenhang eine hohe Sensibilität.

Auch die Entwicklungen in Zusammenhang mit der Entstehung von regionalen Freihandelsabkommen und die damit verbundene „Dynamik der Regelwerke" des internationalen Rechtsrahmens ist zu beachten. Betrachtet man den zähen Liberalisierungsprozess der Gütertransporte im Zuge der Entstehung des Europäischen Binnenmarktes und führt man sich die Bestrebungen in anderen Regionen – z. B. die Diskussion um eine Freihandelszone auf dem amerikanischen Kontinent – vor Augen, so wird deutlich, dass von einer nicht unbedeutenden Dynamik hinsichtlich des internationalen Transportrechts und dessen Verflechtung mit nationalen und regionalen Rechtsnormen auszugehen ist.

Weiterhin hat nicht erst die Verbreitung von E-Commerce die internationalen Beziehungen von Unternehmen auf der Lieferanten- wie auch auf der Kundenseite ansteigen lassen, was bedeutet, dass heute fast jedes Unternehmen in der Lage ist, internationale Geschäfte zu tätigen. Dies bedeutet im Umkehrschluss, dass die in diesem Zusammenhang entstehenden Fragestellungen der operativen Abwicklung eine Kenntnis der zuvor skizzierten rechtlichen Rahmenbedingungen voraussetzt, eine Kompetenz, die gerade von kleineren Unternehmen ohne Rückgriff auf kompetente Dienstleister nicht zu leisten ist.

Somit wird deutlich, warum Logistikdienstleister heute ihren Kunden vermehrt Unterstützung in internationalen Rechtsfragen anbieten bzw. die diesbezügliche Abwicklung zu einem Bestandteil ihres Dienstleistungsportfolios im Rahmen von Full-Service-Konzepten erklärt haben.

Teil 5 ■ Methoden und Tools

Inhalt

Juli 2002

Einsatz der ereignisorientierten Simulation und Möglichkeiten zur Logistikanalyse am Beispiel einer Multi-Ressourcen-Fertigung

5 ▮ 01 | 03

Stefan Franzke, C. Fabian von Gleich, Fin Mertins, Steffen Reinsch

INHALTSÜBERBLICK

Im vorliegenden Beitrag wird die Durchführung einer Simulationsstudie mit Hilfe einer ereignisorientierten Simulation unter Einsatz von logistischen Analysemethoden erläutert. Die einzelnen Ablaufschritte der Simulationsstudie sowie die Umsetzung im Beispiel werden beschrieben. Im Zuge der Logistikanalyse werden Methoden zur Arbeitssystem- und Lageranalyse sowie zur Auftragsdurchlauf- und Materialflussanalyse vorgestellt.

Einleitung

Im Rahmen der Fertigungsplanung bzw. der Planung und Analyse von Teilsystemen einer Produktion steht der Fertigungsplaner oftmals vor vielfältigen Problemen, die nur mit Hilfe einer systematischen Vorgehensweise zielführend gelöst werden können. Ein geeignetes Hilfsmittel zur Bewältigung komplexer Planungsaufgaben ist die Durchführung einer Simulationsstudie unter Einsatz von logistischen Analysemethoden.

Im Zuge einer in diesem Beitrag beschriebenen beispielhaften Studie wurde eine ereignisorientierte Simulation eingesetzt. Bei ereignisorientierten Simulationen wird jedes definierte Ereignis in dem simulierten System registriert, die Ereignisreihen werden statistisch ausgewertet und die Beeinflussung zeitlich folgender Vorgänge kann beurteilt werden (vgl. Beitrag 5.01.01). Ereignisorientierte Simulationen bieten damit die Möglichkeit, komplexe

Abbildung dynamischer Modelle mit hoher Genauigkeit durch ereignisorientierte Simulation

Juli 2002

Produktionsstrukturen und die darin enthaltenen Abläufe als dynamische Modelle mit hoher Genauigkeit abzubilden. Die modellierten Produktionssysteme können dann mit Hilfe von logistischen Analysemethoden untersucht und hinsichtlich der angestrebten logistischen Positionierung verbessert werden.

Die Vorgehensweise bei der Simulationsanalyse zeigt Abb. 1. Mit Hilfe der Analysemethoden, die in einem Analysewerkzeug implementiert sind, werden der Ist-Zustand des zu betrachtenden Produktionssystems analysiert, die anzustrebende logistische Positionierung festgelegt und schließlich die möglichen Stellgrößen (z.B. Losteilung, Kapazität, Steuerungsregeln) bestimmt, mit denen die angestrebte logistische Positionierung erreicht

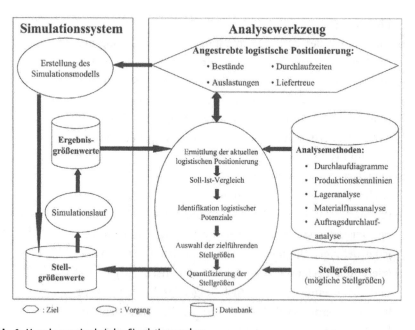

Abb. 1: Vorgehensweise bei der Simulationsanalyse

werden soll. Danach wird das Simulationsmodell entwickelt und Simulationsläufe mit variierenden Stellgrößenwerten durchgeführt, die mit Hilfe des Analysewerkzeugs logistisch bewertet werden. Dabei wird gleichzeitig der Einfluss der betrachteten Stellgrößenwerte auf die logistische Positionierung herausgearbeitet. Als Analyseergebnis werden, falls die angestrebte logistische Positionierung noch nicht erreicht wurde, neue Stellgrößenwerte für einen weiteren Simulationslauf bestimmt.

Im Folgenden wird als Beispiel eine Simulationsstudie beschrieben, die das IPH – Institut für Integrierte Produktion Hannover als Simulationsdienstleistung durchgeführt hat. Das betrachtete System ist eine Multi-Ressourcen-Fertigung zur Produktion von Anbauelementen. In einer Multi-Ressourcen-Fertigung ist zur Ausführung eines Arbeitsvorgangs die gleichzeitige Verfügbarkeit mehrerer Ressourcen (z. B. Werkzeuge, Fördermittel, Personal) sicherzustellen. Darüber hinaus stehen für einzelne Arbeitsvorgänge eine Reihe von alternativen Arbeitssystemen zur Verfügung.

Im Zuge der Logistikanalyse werden vom Institut für Fabrikanlagen und Logistik (IFA) der Universität Hannover entwickelte Methoden angewendet und erläutert (Nyhuis u. Wiendahl 1999).

Multi-Ressourcen-Fertigung zur Produktion von Anbauelementen

Übersicht über den Ablauf einer Simulationsstudie

Eine Simulationsstudie ist ein sich wiederholender Prozess aus Analyse-, Entwicklungs- und Interpretationsschritten. Abbildung 2 zeigt den Ablauf einer Simulationsstudie (angelehnt an (Rabe u. Hellingrath 2001)).

Die einzelnen Ablaufschritte werden nun anhand des Beispiels erläutert.

3

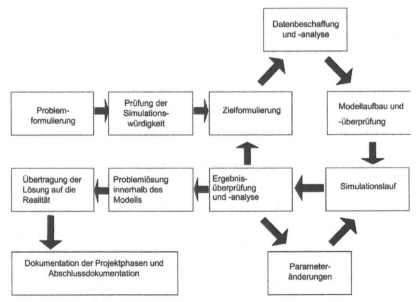

Abb. 2: Ablauf einer Simulationsstudie

Problemformulierung

Abgrenzung
der Problemstellung

Die Basis für den Aufbau eines Simulationsmodells bildet die Problemformulierung. Mit der Problemformulierung wird die Problemstellung der Simulationsstudie abgegrenzt. Der Simulationsanwender macht sich, u.a. durch Interviews mit den Mitarbeitern des Betrachtungsbereiches und Vertretern aus den Schnittstellenbereichen, ein Bild von dem zu betrachtenden System.

System
von verketteten
Fertigungslinien

Im Beispiel bestand der zu betrachtende Bereich – eine Fertigung von Anbauelementen – aus einem System von verketteten Fertigungslinien mit einer Vielzahl von unterschiedlichen Fertigungsabläufen (260 Varianten). Abbildung 3 zeigt die betrachteten Materialflüsse. Umformlinien (Stanzen) wurden aus dem Rohstofflager 1 mit Blechen beliefert. Aus den Blechen wurden Gelenkteile

4

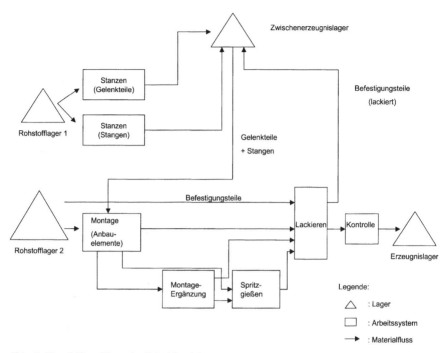

Abb. 3: Materialfluss-Skizze des Beispielprojektes

und Stangen gefertigt, die dann in das Zwischenerzeugnislager transportiert wurden. Diese Gelenkteile und Stangen wurden zusammen mit Kleinteilen aus dem Rohstofflager 2 in den Montagelinien zu Anbauelementen montiert. Variantenabhängig waren anschließend Montageergänzungsarbeitsgänge und/oder ein Spritzgussarbeitsgang erforderlich. Alle Anbauelemente durchliefen die Lackieranlage sowie die Kontroll-Linien und wurden dann in das Erzeugnislager transportiert. In der Lackieranlage wurden neben den Anbauelementen Befestigungsteile lackiert. Es lag ein komplexes System mit einer Reihe von veränderbaren Parametern, wie z.B. Losgrößen und variablen Kapazitäten, vor. Die Aufgabenstellung war, he-

rauszufinden, mit welchen Parameterwerten das Gesamt-
system bei gegebenen Störungen eine hohe Liefertreue
hinsichtlich des Referenz-Lieferprogramms erzielen kann.

Darüber hinaus sollten Systemengpässe identifiziert
und die in der laufenden Produktion vorhandenen Bestände überprüft werden. Sofern sich im Zuge der Analyse Bestände als überdimensioniert herausstellten, waren
Möglichkeiten der Bestandsreduzierung aufzuzeigen.

Prüfung der Simulationswürdigkeit

Ausschluss anderer
Lösungstechniken

Es wird untersucht, ob die aufgestellte Problemstellung si-
mulationswürdig ist. Durch Prüfung und Ausschluss der
Anwendbarkeit anderer Lösungstechniken, wie z.B. der
statischen Dimensionierung, wird sichergestellt, dass der
zeitliche Aufwand und die Kosten der Simulationsstudie
gerechtfertigt sind.

Im Beispiel sollte ein komplexes System mit dynamischen Einflussgrößen, wie Störungen (Störungsvertei-
lung) und dem Einsatz von Parallelarbeitssystemen (si-
tuationsabhängige Zuordnung von Aufträgen), analysiert
werden. Die sich durch die Dynamik einstellenden Bestände waren sehr gut mit Hilfe der Simulation überprüf-
bar.

Zielformulierung

Festlegung
eines Projektplanes

In der Phase der Zielformulierung werden zwischen Simulationsdienstleister und Kunden konkrete Simulations-
ziele definiert und der Untersuchungsbereich (Mess-
größen, Szenarien, etc.) festgelegt. Es entsteht ein Projekt-
plan, der die Vorgehensweise bei der Modellierung und
Simulation für beide Seiten festhält.

Im Beispiel wurden folgende Ziele festgelegt:

∎ Untersuchung der logistischen Leistungsfähigkeit des Produktionssystems,

∎ Ermittlung von geeigneten Stellgrößen hinsichtlich der angestrebten logistischen Positionierung für ein gegebenes Referenz-Lieferprogramm,

∎ Verifizierung vorhandener Bestände der laufenden Produktion,

∎ Potenzialabschätzung zur Reduktion von hohen Beständen und

∎ Einstellen der Parameter für eine neue Linie.

Im Modell sollten folgende Stellgrößen verändert werden können:

∎ Taktzeiten,

∎ Kapazitäten,

∎ Störungen (Verteilung, Dauer),

∎ Steuerungsregeln (z. B. FIFO: First-In-First-Out),

∎ Losgrößen,

∎ Anfangsbestände.

Der Materialfluss sollte vollständig über alle Arbeitssysteme der Fertigung abgebildet werden. Die Betrachtung der Transportwege konnte aufgrund des geringen und annähernd konstanten Zeitanteils an der Variantendurchlaufzeit im Vergleich zu dem Liege- und dem Bearbeitungszeitanteil vernachlässigt werden.

Datenbeschaffung und -analyse
In der Phase der Datenbeschaffung und -analyse ist der Auftraggeber der Simulation für die Beschaffung und Bereitstellung der zum Modellaufbau und zum Simulationslauf benötigten Daten zuständig. Die Analyse und Bewer-

Aufgabenteilung zwischen Auftraggeber und Simulationsdienstleister

7

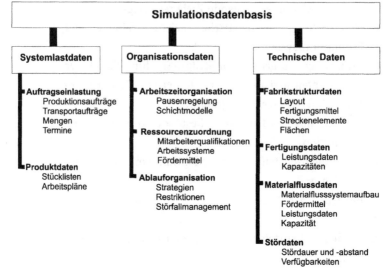

Abb. 4: Erforderliche Daten für eine Simulationsuntersuchung

tung dagegen gehört meist zu den Aufgaben des Simulationsdienstleisters. Die erhaltenen Daten werden auf ihre Plausibilität hin geprüft. Abbildung 4 zeigt in einem Überblick die für eine Simulationsuntersuchung erforderlichen Daten (vgl. VDI-Richtlinie 3633, 1983).

Im Beispiel wurden die erforderlichen Daten größtenteils aus dem PPS-System entnommen. Ein Teil der Informationen, wie z. B. Belegungspläne, war nicht zentral abgelegt, sondern nur bei dem jeweiligen Fertigungssteuerer verfügbar.

Modellaufbau und Überprüfung

Entwicklung eines experimentierfähigen Modells durch Validierung

In der Phase des Modellaufbaus und der Überprüfung wird zuerst auf Basis der formulierten Ziele der Simulationsstudie ein konzeptionelles Modell erstellt, das dann in ein programmiertes Modell umgesetzt wird. Durch die

Validierung des erstellten Modells entsteht ein experimentierfähiges Modell, mit dem die Versuchsläufe durchgeführt werden.

Zur Validierung wurden die Parameter gemäß den Vorgaben der Fertigungssteuerer eingestellt und das Modellverhalten mit der tatsächlichen Produktion verglichen. Der Vergleich ergab, dass das Verhalten des Modells dem Verhalten der realen Produktion entsprach. Die Richtigkeit des Modells zeigte sich beispielsweise darin, dass sich mit der Realität vergleichbare Bestandsniveaus in den Lagern einstellten.

Für das validierte Simulationsmodell wurde ein Versuchsplan erstellt. In dem Versuchsplan wurde festgehalten, welche Simulationsparameter untersucht bzw. zur Erreichung der angestrebten logistischen Positionierung verändert werden sollten. Wichtige zu ermittelnde Parameter waren die mindestens erforderlichen Kapazitäten und geeignete Losgrößen unter Berücksichtigung des Störverhaltens der Arbeitssysteme. Die Zielgröße für geeignete Ergebnisgrößen war die geforderte Liefertreue.

Erstellung eines Versuchsplans

Simulationsläufe
Mit Hilfe des experimentierfähigen Simulationsmodells werden die einzelnen Simulationsläufe dem Versuchsplan gemäß durchgeführt.

Für jede zu untersuchende Stellgröße wurde eine Serie von Simulationsläufen mit variierendem Stellgrößenwert durchgeführt. Die erzeugten Ergebnisgrößen wurden, wie im nächsten Schritt beschrieben, geprüft und analysiert.

Ergebnisprüfung und -analyse
Im Zuge der Ergebnisanalyse wird entschieden, ob weitere Simulationsläufe mit veränderten Stellgrößenwerten,

mit modifizierter Zielstellung oder angepassten Annahmen bis hin zu einem überarbeiteten oder erweiterten Modell erforderlich sind. Die vorangegangenen Schritte müssen in diesen Fällen ggf. bis hin zur Datenbeschaffung und -analyse unter den veränderten Voraussetzungen neu durchlaufen werden.

Methoden der engpassorientierten Logistikanalyse

Für die Bestimmung geeigneter Parameterwerte zur Erreichung der angestrebten logistischen Positionierung wurden Methoden der engpassorientierten Logistikanalyse, die am Institut für Fabrikanlagen und Logistik der Universität Hannover (Nyhuis u. Wiendahl 1999) entwickelt wurden angewandt.

Die engpassorientierte Logistikanalyse ist ein effizientes Instrument zur Beurteilung der Liefertreue, der Durchlaufzeiten und der Bestände in einer Produktion sowie für die Ableitung von Maßnahmen zur Erreichung der angestrebten logistischen Positionierung (Windt 2001). Bei dieser Analyse werden Produktionskennlinien als Werkzeug zur logistischen Potenzialbeurteilung in Kombination mit der Durchlaufzeit- und Bestandsanalyse sowie der Materialflussanalyse angewandt.

Die engpassorientierte Logistikanalyse bietet die Möglichkeit, logistische Engpässe im Materialfluss zu identifizieren. Sowohl kapazitive Engpässe als auch durchlaufzeitbestimmende Arbeitssysteme lassen sich so lokalisieren und in ihrer Bedeutung für den Auftragsdurchlauf bewerten. Mit der Kennlinientechnik kann weiterhin aufgezeigt werden, an welchen Arbeitssystemen welche Art von möglichen Maßnahmen zur Durchlaufzeit- und Bestandsreduzierung sinnvoll umgesetzt werden können. So kann beispielsweise untersucht werden, an welcher Stelle Durchlaufzeitreduzierungen durch eine gezielte Bestandssteuerung möglich sind und an welchen

Juli 2002

Arbeitssystemen flankierende Maßnahmen in der Kapazitätsstruktur, in der Auftragsstruktur oder auch hinsichtlich der strukturellen Einbindung einzelner Arbeitssysteme in den analysierten Produktionsbereich erforderlich sind. Abbildung 5 skizziert die Funktionen der engpassorientierten Logistikanalyse.

Im Beispielmodell wurden die einzelnen Simulationsläufe mit einem Softwarewerkzeug (Fast/pro Anbieter: GTT – Gesellschaft für Technologie Transfer mbH, Hannover) analysiert, in dem Funktionen der engpassorientierten Logistikanalyse integriert sind.

Aus der Analyse wurden Maßnahmen zur Erreichung der angestrebten logistischen Positionierung abgeleitet. Anhand von Beispielen werden im Folgenden einzelne Analysemethoden, welche die engpassorientierte Logistikanalyse umfasst, erläutert.

Arbeitssystemanalyse mit Hilfe von Durchlaufdiagrammen
Durchlaufdiagramme beschreiben das dynamische Arbeitssystemverhalten qualitativ und zeitpunktgenau. Sie zeigen die Wirkzusammenhänge zwischen den logistischen Zielgrößen (Bestand, Auslastung, Durchlaufzeit, Termintreue) auf und machen sie einer mathematischen Beschreibung zugänglich (Nyhuis u. Wiendahl 1999). Fertiggestellte Aufträge werden mit ihrem Arbeitsinhalt (in Vorgabestunden) über dem Fertigstellungstermin kumulativ aufgetragen (Abgangskurve). Analog dazu erfolgt der Aufbau der Zugangskurve, indem die zugehenden Aufträge mit ihrem Arbeitsinhalt über dem Zugangstermin aufgetragen werden.

Anhand von Durchlaufdiagrammen kann man u. a. den Bestandsverlauf, der sich als Differenz der Abgangskurve von der Zugangskurve ergibt, sowie die Terminein-

Beschreibung von dynamischem Arbeitssystemverhalten

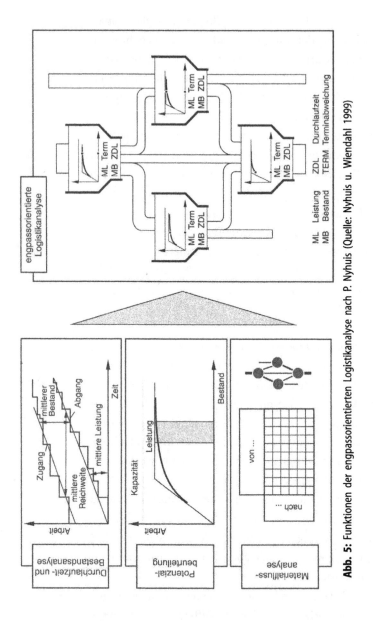

Abb. 5: Funktionen der engpassorientierten Logistikanalyse nach P. Nyhuis (Quelle: Nyhuis u. Wiendahl 1999)

Juli 2002

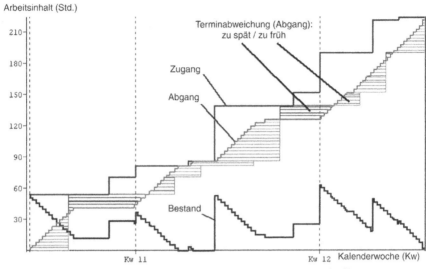

Abb. 6: Bestandsverlauf und Terminabweichung eines Arbeitssystems im Durchlaufdiagramm

haltung visualisieren und daraus Maßnahmen zur Erreichung der angestrebten logistischen Positionierung ableiten. Abbildung 6 zeigt ein Durchlaufdiagramm mit eingetragenem Zugangs-, Abgangs- und Bestandsverlauf sowie der Terminabweichung vom Sollabgangstermin des jeweiligen Auftrages. Die Terminabweichung ist als waagerechter Balken am Abgangstermin der einzelnen Aufträge dargestellt. Befindet sich der Terminabweichungsbalken rechts von der Abgangskurve, so ist der Auftrag zu früh fertiggestellt worden, befindet er sich links davon, ist er zu spät erledigt worden. Das Arbeitssystem ist zeitweise ohne Bestand (Auslastungsverluste), die Abgangstermine sind dabei größtenteils zu früh. Es zeigt sich, dass das Arbeitssystem nicht genug ausgelastet ist und dass die Planabgangstermine der Aufträge nicht genau sind.

Lageranalyse

Mit dem Lagerbestand, der in der Regel aufgrund seiner hohen Kostenwirksamkeit eine wichtige logistische Zielgröße darstellt, müssen Schwankungen im Abrufverhalten der Abnehmer (Kunden, Vertrieb oder die eigene Produktion) ebenso abgefedert werden wie Lieferterminabweichungen der Zulieferer (extern oder intern). Es ist zwischen einer hohen Lieferbereitschaft einerseits und niedrigen Beständen andererseits abzuwägen.

Bei der Verifizierung der aktuellen Bestände in der beispielhaften Simulationsstudie hatte sich im Zwischenerzeugnislager (s. Abb. 3) ein hoher Bestand (ca. 800 000 Stck.) des Zwischenerzeugnisses „Stangen", bei einem Tagesbedarf von 80 000 Stck. aufgebaut. Das Arbeitssystem hatte also bei gleichmäßigem Abruf der Varianten eine Reichweite von durchschnittlich 10 Tagen. Da die Kapazitäten der Arbeitssysteme, die mit den Zwischenerzeugnissen beliefert wurden (Montagelinien, s. Abb. 3), nicht weiter erhöht werden konnten, galt es, die Stellgrößen des „bestandproduzierenden" Arbeitssystems (Stanzen) zu untersuchen und neu zu quantifizieren.

Der hohe Gesamtbestand des Zwischenerzeugnisses stellte sich aufgrund einer Fertigung von vielen Varianten (260 Varianten) bei hohen Losgrößen am vorgeschalteten Arbeitssystem (Stanzen) ein. Der Bestand konnte also durch eine Verringerung der Losgröße reduziert werden. Die Losgröße bei dem Arbeitsschritt „Stanzen" wurde auf 1/4 der vorherigen Losgröße abgesenkt. Abbildung 7 zeigt das Ergebnis dieser Maßnahme. Der Bestand schwang sich auf etwa 320 000 Stck. ein, wurde also auf 2/5 des vorherigen Bestandes vermindert. Das Lager hatte damit, bei gleichmäßigem Abruf der Varianten, eine Reichweite von 4 Tagen. Es traten keine Materialflussabrisse bei den

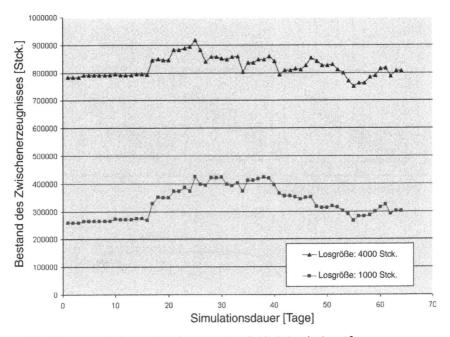

Abb. 7: Bestandsverläufe eines Zwischenerzeugnisses bei Variation der Losgröße

nachgeschalteten Arbeitssystemen (Montagelinien) auf. Durch die Losgrößenverringerung erhöhte sich der Rüstzeitanteil bei den Stanzen in vertretbarem Maß.

Arbeitssystemanalyse mit Hilfe von Produktionskennlinien
Arbeitssysteme können in verschiedenen Betriebszuständen betrieben werden. Vereinfacht sind das die Betriebszustände „Unterlast", „Übergang" und „Überlast" (Abb. 8). Der relevante Parameter für diese Betriebszustände ist der Bestand. Erhöht man an einem permanent produzierenden Arbeitssystem weiter den Bestand an wartender Arbeit, so wird die Leistung nicht weiter verbessert. Schließlich arbeitet das Arbeitssystem schon ununterbrochen. Die Durchlaufzeit hingegen steigt aufgrund der im-

Verschiedene
Betriebszustände

15

BETRIEBSZUSTÄNDE

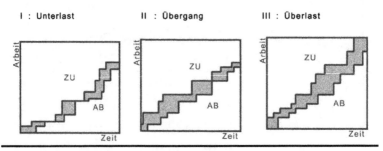

I : Unterlast   II : Übergang   III : Überlast

PRODUKTIONSKENNLINIE

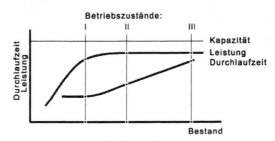

Abb. 8: Betriebszustände innerhalb der Produktionskennlinie (IFA, Universität Hannover)

mer länger werdenden Warteschlange linear mit dem Bestand an (Überlast).

Senkt man hingegen an einem ununterbrochen produzierenden Arbeitssystem den Bestand, werden sich in jedem Fall aufgrund der kürzeren Warteschlangen geringere Durchlaufzeiten einstellen. Unterschreitet man allerdings eine Bestandsgrenze, wird am betrachteten Arbeitsplatz zeitweise keine Arbeit mehr vorhanden sein und die Leistung aufgrund von Arbeitsmangel zurückgehen. Man spricht von Unterlast (vgl. Beitrag 5.01.02).

Berechnung von
Produktionskennlinien

Auf dieser Basis kann man die tatsächlichen Betriebspunkte der Arbeitssysteme beurteilen. Im Beispiel konnten mit Hilfe des eingesetzten Analysewerkzeugs die Pro-

16

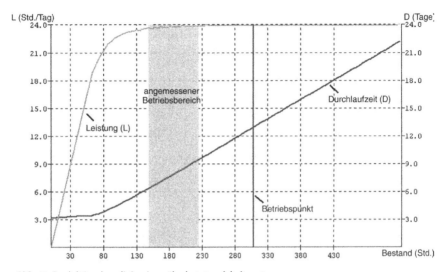

Abb. 9: Produktionskennlinie eines überlasteten Arbeitssystems

duktionskennlinien schnell berechnet werden. Arbeitssysteme, die nicht zielorientiert ausgelastet waren, konnten so effizient ermittelt und im Anschluss daran Verbesserungsmaßnahmen entwickelt werden. Abbildung 9 zeigt ein überlastetes Arbeitssystem (Montagelinie). Der Betriebspunkt wird durch eine senkrechte Linie angezeigt. Anhand der Produktionskennlinie konnte man feststellen, dass eine Bestandsreduzierung um 30% von derzeit rund 300 Std. auf einen angemessenen Bereich von 140 Std. bis 225 Std. ohne signifikante Auslastungsverluste möglich war. Die Bestandsreduzierung hatte wiederum eine Verkürzung der Durchlaufzeiten zur Folge, die sich aus der Darstellung der Produktionskennlinie direkt ablesen lässt.

Materialflussanalyse

Mit Hilfe einer graphischen Darstellung des Materialflusses werden die Abläufe innerhalb des betrachteten Sys-

Transparenz
der Abläufe

17

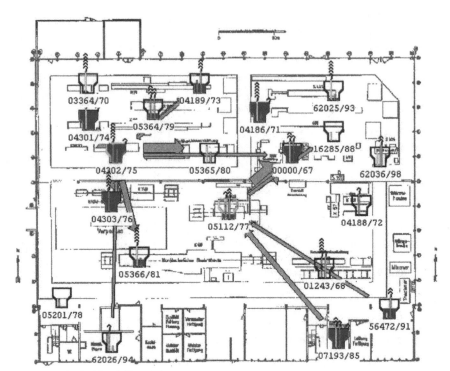

Abb. 10: Graphische Materialflussanalyse

tems transparent (Abb. 10). Ungünstige Materialflüsse werden sichtbar und können beispielsweise durch eine materialflussgerechte Belegungsplanung oder durch eine Maschinenumsetzung unterbunden werden. Zwischen den als Trichter dargestellten Arbeitsplätzen werden die Materialflussbeziehungen angezeigt.

Die Stärke der Materialfluss-Pfeile repräsentiert die Auftragsmenge in Arbeitsstunden, die innerhalb des eingestellten Zeitraums bewegt wurde. Neben der Analysefunktionalität erhöht die Materialflussdarstellung aufgrund der Wiedererkennbarkeit des realen Produktions-

18

systems die Akzeptanz der Simulationsergebnisse durch die Mitarbeiter deutlich.

Auftragsdurchlaufanalyse
Herausragendes Merkmal der logistischen Leistungsfähig- keit eines Produktionsbereiches ist in der Regel die Ter- mintreue gegenüber dem Verbraucher. Abbildung 11 zeigt die Statistik der im Beispielmodell erreichten Endtermin- einhaltung aller Erzeugnisaufträge (Anbauelemente). Es zeigt sich, dass ein großer Teil der Aufträge geringfügig zu früh fertiggestellt wurde. Im Mittel waren die Aufträge 0,85 Tage zu früh fertig bei einer Standardabweichung von 0,90 Tagen. Die mittlere Durchlaufzeit betrug 15 Tage bei einer Standardabweichung von 2 Tagen. Es lag ausrei- chende Endtermineinhaltung vor.

Termintreue
gegenüber
Verbraucher

Juli 2002

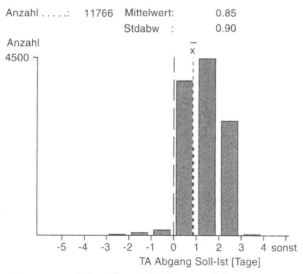

Abb. 11: Statistik der Endtermineinhaltung von Aufträgen

Problemlösung innerhalb des Modells und Übertragung
auf die Realität

Übertragung
auf reale Systeme

Die Ergebnisse, die innerhalb des Modells zu einer Lösung führen, müssen auf das reale System übertragen werden. Dabei werden unter Berücksichtigung der getroffene Annahmen, wie z. B. Produktgruppierungen oder die Nicht-Betrachtung der Transportwege, Aussagen für das Realsystem abgeleitet.

Die im Beispiel angegebenen Ziele wurden erreicht und wie folgt umgesetzt:

▪ Die logistische Leistungsfähigkeit des Produktionssystems wurde untersucht. Es wurden geeignete Stellgrößenwerte (Losgrößen, Kapazitäten, etc.) ermittelt, so dass die angestrebte logistische Positionierung erreicht wurde. Das System konnte das gegebene Referenz-Lieferprogramm produzieren und war zudem flexibel genug, um auf erhöhte Lieferabrufe reagieren zu können.

▪ Die Bestände wurden verifiziert. In einem Zwischenerzeugnislager wurden hohe Bestände festgestellt, die durch eine Fertigung von kleineren Losen am zuliefernden Arbeitssystem reduziert werden konnten.

▪ Die Linienparameter (Losgröße, Schichtmodell) für die neue Linie wurden bestimmt, so dass eine hohe Auslastung der Linie bei hoher Termintreue gewährleistet war.

Dokumentation

Kontinuierliche
Berichte erforderlich

Die Dokumentation beinhaltet die Problem- und Zielformulierung, die Simulationsergebnisse, die Lösungen der Zielstellung sowie einen Bericht über den Ablauf des gesamten Projektes, die ausgeführten Arbeiten und die wichtigsten Entscheidungen.

Juli 2002

Um eine gute Kommunikation zwischen Simulations-dienstleiter und -kunden zu gewährleisten, sollten kontinuierlich Berichte sowie Präsentationen zum aktuellen Stand der Simulationsstudie erstellt durchgeführt werden.

FAZIT

Simulationsstudien, die mit Hilfe einer ereignisorientierten Simulation unter Einsatz von Analysemethoden durchgeführt werden, stellen ein effektives Hilfsmittel innerhalb der Fertigungsplanung und -analyse dar. Logistiksysteme können im Detail abgebildet und dynamisch betrachtet werden. Logistische Analysewerkzeuge ermöglichen die effiziente Analyse der Simulationsläufe und die Einstellung der Modellparameter zur Erreichung der angestrebten logistischen Positionierung.

Es ist zu erwarten, dass Simulationsstudien in naher Zukunft weiter an Bedeutung gewinnen werden. Bisherige Hemmnisse für den Einsatz der Simulation, wie der hohe Modellierungsaufwand sowie das für die Logistikanalyse erforderliche Spezialwissen, werden kontinuierlich abgebaut:

∎ Aufgrund der Wiederverwendbarkeit von einmal entwickelten Simulationsbausteinen (z. B. Arbeitssystemen, Steuerungen etc.) werden der zeitliche Aufwand und damit auch die Kosten für die Simulationsmodellerstellung in Zukunft weiter zurückgehen.

∎ Die Logistikanalyse wird zunehmend durch Werkzeuge unterstützt, so dass diese auch ohne Spezialkenntnisse durchgeführt werden kann. Ein gutes Beispiel dafür ist ein aktuelles Forschungsvorhaben im Bereich der teilautomatisierten Logistikanalyse. In diesem Projekt wird ein Assistent entwickelt, der u. a. Simulationsergebnisse analysieren und nach einem Vergleich mit der angestrebten logistischen Positionierung automatisch die Stellgrößen für den nächsten Simulationslauf vorschlagen soll.

Literatur

Nyhuis P u. Wiendahl H-P (1999) Logistische Kennlinien – Grundlagen, Werkzeuge und Anwendungen. Springer, Berlin Heidelberg

Rabe M u. Hellingrath B (2001) Handlungsanleitung Simulation in Produktion und Logistik (durchgeführt im Rahmen des Verbundprojektes „Modellversuch Simulation" MOSIM, gefördert vom BMFT innerhalb des Rahmenkonzeptes „Produktion 2000"). SCS European Publ. House, Erlangen

VDI-Richtlinie 3633, 1983, Anwendung der Simulationstechnik zur Materialflussplanung. VDI-Verlag, Düsseldorf

Windt K (2001) Engpassorientierte Fremdvergabe in Produktionsnetzen, VDI-Verlag, Düsseldorf

Simulationsgestützte Planung wandlungsfähiger industrieller Strukturen für effiziente Produktkreisläufe

5 ▌ 01 | 04

Helmut Baumgarten, Thomas Sommer-Dittrich

INHALTSÜBERBLICK

Die gegenwärtig zu beobachtende Vernetzung kleiner Unternehmenseinheiten sowie der Übergang von der linearen zur kreislauforientierten Ressourcennutzung stellen für die Planung zukunftsorientierter logistischer Systeme neue Herausforderungen dar. Im Mittelpunkt steht dabei die Schaffung eines Fundaments für die Wandlungsfähigkeit von Fabriken bereits in deren Designphase. Wandlungsfähigkeit ist zweifellos notwendig, aber in welchem Umfang? Die Vorhaltung anpassungsfähiger Anlagen verursacht direkte und indirekte Kosten – müssen alle Bereiche im gleichen Maße flexibel gestaltet werden? Wann übersteigen die Kosten für die Anpassungsfähigkeit des Unternehmens den zu erwartenden Nutzen? Zu betrachten ist hierbei die Summe aus Prozess- und Umbaukosten über den gesamten Lebenszyklus der Fabrik – hier stoßen konventionelle Bewertungsmethoden an ihre Grenze.

Aber auch erfolgreiche und etablierte dynamische Planungsparadigmen und -instrumente wie die grafische Logistiksimulation müssen auf den Prüfstand gestellt werden und sind ggf. zu modifizieren. Hierzu sind zunächst die Anforderungen zu diskutieren, die sich aus der höheren geforderten Flexibilität des Planungsobjektes Fabrik an die Planungswerkzeuge ergeben. Darauf aufbauend wird eine flexibilitätsorientierte Anpassung der konventionellen simulationsgestützten Planungsmethodik vorgestellt. Abschließend wird das entwickelte Konzept am Beispiel einer wandlungsfähigen Fabrik zur industriellen Demontage gebrauchter elektrischer Haushaltsgroßgeräte praxisorientiert validiert.

Juli 2002

1

Effiziente Planung wandlungsfähiger Industrieprozesse

Flexibilität
als Paradigma

Es wird derzeit wohl kein Fabrik- oder Netzwerkprojekt vorgestellt, das nicht als flexibel, atmend, agil oder reaktionsschnell etikettiert wird. Verschiedene Begriffe für dasselbe Konzept? Es ist festzustellen, dass Begriffe wie Flexibilität, Agilität sehr uneinheitlich und keineswegs überschneidungsfrei verwendet werden, wodurch die angewandten Planungstechniken und Lösungsansätze schwer miteinander vergleichbar sind.

Systeme
als Planungsobjekt

Fast ausschließlich wird der Begriff des (logistischen) Systems angewandt. Ein System wird dabei als eine Menge von Elementen oder Subsystemen definiert, die in einem gegebenen Bezugssystem in einem Zusammenhang stehen sowie – und dies findet bisher nur geringe Beachtung – die Beziehungen zwischen diesen Objekten.

Für die Anwendung in der (logistischen) Praxis bleibt jedoch die Frage offen, inwieweit Veränderungen des definierten Systems als reine Betriebsführung oder Anpassung zu werten sind.

Konfiguration

Diese Lücke kann durch den Begriff der Konfiguration geschlossen werden. Die Konfiguration eines Systems ist die logische Anordnung der Elemente bzw. Subsysteme, die durch den Umbau physisch realisiert wird. Ein System kann somit durch Umbau eine Vielzahl unterschiedlicher Konfigurationen besitzen.

Parametrisierung

Davon ist die Parametrisierung abzugrenzen, bei der mittels Einstellung veränderter Kennwerte an den ansonsten unverändert angeordneten Elementen ebenfalls die Eigenschaften des Gesamtsystems verändert werden. Entscheidend ist dabei die Definition der Betrachtungsebene. Wird bspw. eine Werkhalle als Referenzebene gewählt, so stellt das Versetzen einer Werkzeugmaschine eine Konfigurationsänderung dar, das Umrüsten derselben Maschine mit einem anderen Werkzeug ist jedoch lediglich eine Parametrisierung innerhalb der Ausgangskonfiguration.

Aufbauend auf diesen Überlegungen kann als gemeinsame Basis verschiedener Ansätze folgende Flexibilitätsdefinition abgeleitet werden: Flexibilität wird als die Fähigkeit eines Systems verstanden, zielorientiert auf Veränderungen im Rahmen ursprünglich festgelegter Anforderungen zeit- und kosteneffektiv zu reagieren, also unterschiedliche Konfigurationen anzunehmen. Sie ist messbar als Quotient aus der Anzahl durch das System zeit- und kosteneffektiv darstellbare anforderungsoptimale Konfigurationen und der Summe aller in der Planungsphase berücksichtigten Anforderungsszenarien, die sich aus der prognostizierten Entwicklung der relevanten Einflussgrößen ergeben.

Aus dieser Definition können durch Abgrenzung weitere Begriffe systematisch abgeleitet werden. Agilität ist die Geschwindigkeit, mit der ein System aus einer Ausgangskonfiguration in die Zielkonfiguration überführt werden kann.

Reaktionsfähigkeit hingegen ist die Fähigkeit eines Systems, zielorientiert auf Veränderungen im Rahmen ursprünglich nicht festgelegter Anforderungen zeit- und kosteneffektiv zu reagieren. Damit wird deutlich, dass Aussagen zur Reaktionsfähigkeit logistischer Systeme, also die Anpassungsfähigkeit bei Strukturbrüchen, in der Planungsphase allenfalls qualitativ getroffen werden können.

Nach der Bestimmung zentraler Begriffe ist nun zu untersuchen, welche Hilfsmittel dem Planer logistischer Systeme zur Verfügung stehen und ob sie den an sie gestellten neuen Anforderungen gerecht werden.

Flexibilität

Agilität

Reaktionsfähigkeit

Graphisch-dynamische Simulationen zur Fabrikplanung

Optimierung
durch Simulationen
und Visualisierung

Als unverzichtbares Hilfsmittel für logistische Planungen und Optimierungen im dynamischem Umfeld hat sich im letzten Jahrzehnt die Simulation etabliert, die jedoch strenggenommen kein Optimierungsinstrument darstellt. Vielmehr obliegt es der Erfahrung des Planers, durch Einstellung geeigneter Parameter eine optimale Lösung zu erzielen. Dabei kann durch geeignete graphische Visualisierungstechniken die Optimierung in hohem Maß unterstützt werden, da Schwachstellen schneller erkennbar sind und Potenziale ausgenutzt werden können.

Simulationen
zur Fabrikplanung

Aufbau und Ablauf klassischer Simulationssysteme sowie die bisher dominierende Trennung spezialisierter Software-Tools verdeutlicht Abb. 1.

Bedienkonzept

Nach der Eingabe von Struktur und Parametern der Systemelemente über die Benutzeroberfläche erzeugt die interne Datenverwaltung des Simulators ein konsistentes Datenmodell, auf dessen Basis die Abläufe im Simulationskern ereignis- bzw. zeitgesteuert abgearbeitet werden. Die Ergebnisse werden visualisiert, durch den Planer interpretiert und abhängig von der Ergebnisgüte durch zwei Anpassungsformen optimiert.

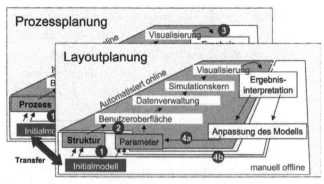

Abb. 1: Komponenten und Ablauf konventioneller Simulatoren

Änderungen innerhalb des Systems, also bei gleicher Elementanzahl und Grundstruktur des Modells, können in allen gängigen Simulatoren durch zumeist interaktive Änderung von Parametern auch zur Laufzeit realisiert werden. Als Beispiele sind die Änderung von Prozesszeiten an einer Bearbeitungsstation oder die Fördergeschwindigkeit eines Transportsystems zu nennen.

Interaktive Planung

Die Vorgabe eines Ausprägungskorridors bzgl. eines Parameters durch den Planer und die anschließende selbständige Abarbeitung durch den Simulator ist vielfach nur mit hohem Aufwand zu realisieren, da sog. Design-of-Experiment Module bisher nur ansatzweise Eingang in die Praxis gefunden haben.

DoE Design-of-Experiment

Zur noch weiter reichenden Änderung des gesamten Systems als Veränderung von Anzahl oder Anordnung der Bearbeitungs- oder Transportelemente sind in nahezu allen Simulatoren manuelle Eingriffe offline, außerhalb der Laufzeit, notwendig. Auch hier entscheiden die Kenntnisse und Erfahrung des bedienenden Planers über das zu realisierende Optimierungspotenzial. Als unterstützende Systematik existiert bisher lediglich der Ansatz enumerierender Simulationspläne, anhand derer die Systemveränderungen vorgenommen werden.

Simulationsplanung

Für neue industrielle Untersuchungsfelder mit hochturbulenten Anpassungsprozessen, wie sie die Demontage darstellt, liegt das erforderliche Erfahrungswissen nur begrenzt vor, zudem ist eine Vielzahl miteinander vernetzter Einstellgrößen zu berücksichtigen.

Grenzen interaktiver Konzepte

5

Schwachstellen konventioneller Simulationen

Für die Planung flexibler industrieller Systeme existiert im vorgestellten traditionellen Planungsparadigma neben der erwähnten Abhängigkeit der Ergebnisgüte von den Kenntnissen des Planers eine weitere systematische Lücke.

Kontinuierliche
Konfiguration
– Lücke in der
Simulation

Es wird impliziert, das zu entwickelnde Systeme eine fixierte Struktur besitzen, die entsprechend der erwarteten Umweltanforderungen auszulegen ist. Flexible Systeme sind jedoch gerade durch variable Strukturen gekennzeichnet, so dass die Planungsaufgabe in der anforderungskonformen Ermöglichung einer kontinuierlichen Anpassung in Abhängigkeit von der Umweltentwicklung besteht.

Um diese Lücken zu schließen, ist die Entwicklung einer Methodik notwendig, in dem neben der Abbildung der vorgenannten Aspekte auch das notwendige Flexibilitätsniveau des zu planenden Objekts bestimmt wird. Zudem sollten Planer stärker als bisher durch Assistenzsysteme von Routineaufgaben, wie der Abarbeitung deterministischer Simulationspläne, entlastet werden.

Bestimmung des erforderlichen Flexibilitätsrahmens

Realoptionen

Das realoptionsbasierte Verfahren zur Bewertung von Investitionen im dynamischen Umfeld arbeitet mehrstufig (vgl. Abb. 2). Zunächst wird die Zukunft entsprechend der betrieblichen Erfordernisse in Perioden unterteilt. Anschließend werden aus Vergangenheitsdaten und Prognosen Entwicklungspfade für jede Periode ermittelt, die abhängig vom Verlauf in der vorgelagerten Periode sind.

Zukunftstrichter

Die Entwicklungen werden mit der Wahrscheinlichkeit ihres Eintretens gewichtet. Daraus wird ein integriertes Zukunftsmodell, der so genannte Bewertungsbaum oder

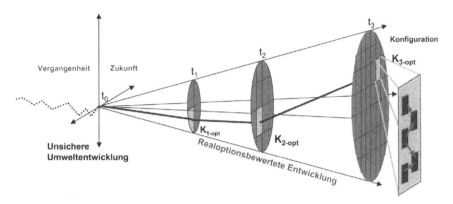

Abb. 2: Bestimmung des notwendigen Flexibilitätsniveaus mit Hilfe von Realoptionen

Zukunftstrichter, abgeleitet. Im letzten Schritt werden die verschiedenen Investitionsalternativen anhand des Bewertungsbaumes hinsichtlich ihrer Anpassungsfähigkeit an die ermittelten Umweltentwicklungen beurteilt.

Im Gegensatz zur Finanzwirtschaft, bei der ein Wechsel zwischen verschiedenen Anlagealternativen in Form von Aktien nur geringe Wechselkosten verursacht, sind diese bei Produktions- und Logistiksystemen zumeist beträchtlich.

Im konkreten Anwendungsfall soll beispielsweise untersucht werden, ob die zur Bewältigung der in den nächsten fünf Jahren erwarteten Herausforderungen vorgesehene Erweiterungsfläche effizienter für den Aufbau neuer Lagerkapazitäten für Fertigwaren oder die Investition in flexible Produktionssysteme genutzt werden kann.

Bei der Beurteilung des flexiblen Produktionssystems wird besonderes Augenmerk auf die notwendigen kontinuierlichen Konfigurations- und Umbauphasen gerichtet, da diese über die Effizienz maßgeblich entscheiden.

Beachtung der Umbauphasen

Auf Basis von Betriebsdaten und Marktbeobachtungen wird zunächst der Trend in der Entwicklung aller Produktlinien mit Hilfe statistischer Verfahren ermittelt. Strukturbrüche werden aus Vergangenheitsdaten und Expertisen extrapoliert und statistisch hinsichtlich ihrer Wahrscheinlichkeit bewertet.

Simulations-Framework für flexible Fabriken

Aufbau des Systems

Die vorgestellte Methodik wir durch den Aufbau eines Software-Tools für die Planung flexibler Fabrikstrukturen reflektiert. Es stellt den Rahmen für die Ein- und Ausgabe von Planungsdaten sowie die Ansteuerung spezialisierter Optimierungsmodule dar. Mit diesen Komponenten steht die interne Simulation im Datenaustausch und simuliert die Szenarien entsprechend der Design-of-Experiment-Matrizen (vgl. Abb. 3).

Initialisierung

Ausgehend von einer durch den Planer festzulegenden Startkonfiguration, beispielsweise der heutigen Ausstattung und Anordnung von Maschinen und Transportmitteln, wird für die folgende Periode aus dem vorab ermittelten Marktszenario automatisch das Absatzprofil für alle Produktvarianten erstellt.

Einlastung von Aufträgen

Für die Planungsperiode werden zunächst prognostizierte Aufträge entsprechend ihrer Wahrscheinlichkeit nach Prozessplänen in Arbeitsschritte aufgelöst und den einzelnen Maschinen mittels externer Maschinenbelegungsplanung zugeordnet. Daraus resultiert neben dem Belastungsprofil für vorhandene Bearbeitungsstationen die logistische Intensitätsmatrix aller Transport- und Lagerelemente. Ein Simulationslauf ermittelt alle relevanten Zeit-, Leistungs- und Kostendaten.

Variation der Quantität

Im ersten Optimierungsschritt variiert das Tool ausgehend vom Engpass die Anzahl der verfügbaren Bearbeitungsstationen innerhalb eines parametrisierbaren Rahmens. Gleichzeitig ermittelt es anhand von Kostenbi-

8

Juli 2002

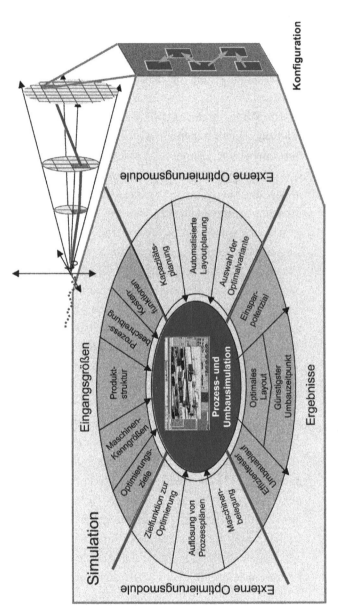

Abb. 3: Framework zur Simulation flexibler Fabriken

bliotheken die Aufwendungen für die notwendigen Umbaumaßnahmen. Als Zwischenergebnis wird die – bei Vernachlässigung innerbetrieblicher Transporte – optimale Ausstattung mit Betriebsmitteln jeder Periode ausgewiesen.

Variation der Anordnung

Im Mittelpunkt des zweiten Schrittes steht die Optimierung der internen Transporte durch zielorientiertes Verschieben der Bearbeitungsstationen in externen Standort- bzw. Tourenplanungsmodulen. Analysiert wird zunächst die Auswirkung einer veränderten räumlichen Anordnung bei unveränderter Transportmittelausstattung.

Variation der Qualität

Darauf aufbauend erfolgt die automatisierte Untersuchung des Einsatzes bei quantitativ und qualitativ veränderten Transportmitteln, bspw. Einschienenhängebahnen anstelle von Gabelstaplern. Anhand von Kennwerten und Zeittabellen berechnet das System Umrüst- bzw. Umbaukosten der Transportsysteme. Restriktionen, wie beispielsweise vorhandene Linienführungen bei Einschienenhängebahnen, können explizit vorgegeben oder implizit durch sehr hohe Wechselkosten berücksichtigt werden.

Periodenbetrachtung

Aufgrund der Interdependenz zwischen den Perioden werden Planungsläufe für bis zu drei aufeinander folgende Perioden durchgeführt und sowohl die periodenindividuell als auch -übergreifend optimale Konfiguration ermittelt. Die Planung jeder Periode basiert auf verschiedenen Endkonfigurationen der jeweils vorhergehenden Periode. Da die Folgekonfiguration aufgrund der spezifischen Umbaukosten davon stark beeinflusst wird, ergeben sich sehr unterschiedliche Entwicklungspfade, die hinsichtlich Performance und Kosten zu bewerten sind.

Vorteile der Methodik

Wichtigster Vorteil des beschriebenen Verfahrens ist die Analysemöglichkeit von Flexibilität, Robustheit und Sensitivität der ermittelten Systeme gegenüber Umweltentwicklungen. Die Szenarien wurden wie oben beschrieben mit Hilfe der Realoptionstheorie konsistent abgeleitet und hinsichtlich ihrer Wahrscheinlichkeit bewertet. Die hiermit gewichteten Prozess- und Umbaukosten aus der Simulation aller Investitionsalternativen werden über alle Perioden summiert. Die Option mit den geringsten Gesamtkosten stellt das Optimum dar.

Anhand der Entwicklung einer Demontagefabrik soll die Anwendung der vorgestellten Planungssystematik vorgestellt werden.

Anwendung: Integriertes Optimierungskonzept für die Prozesskette Entsorgung

Durch die in vielen Branchen bevorstehende oder bereits erfolgte gesetzliche Ausweitung der herstellerseitigen Produktverantwortung auf die Entsorgungsphase sollen Anreize zur Wieder- bzw. Weiternutzung von Ressourcen in einer nachhaltigen europäischen Kreislaufwirtschaft geschaffen werden. Bei konsequenter Umsetzung führt dies zum Übergang vom Produkt- zum Nutzenverkauf, wodurch erhebliche Wohlfahrtsgewinne realisierbar sind (Frille 2001).

Gesetzliche Neuregelung

Die Ausgangssituation im Bereich Haushaltselektr(on)ik ist exemplarisch für die Situation in vielen Industriezweigen. In Deutschland werden zukünftig jährlich ca. 9,6 Mio. Haushaltsgroßgeräte und Fernseher pro Jahr (492 000 t/Jahr) anfallen. Bei einer angenommenen Erfassungsquote von 50% kann dementsprechend mit 4,8 Mio. Stück/Jahr (246 000 t/Jahr) gerechnet werden (Baumgarten u. Sommer-Dittrich 2000 a).

Anfallpotenziale Haushaltsgeräte

Dieser mengenmäßige Durchsatz erfordert den Übergang von bisher in der Produktüberholung dominierenden handwerklichen Strukturen zu industriellen Prozes-

Übergang zu industrieller Struktur

11

sen. Es sind Konzepte für eine rationell organisierte, in hohem Maße mechanisierte bzw. automatisierte Sammlung, Behandlung und Wiedereinsteuerung der Altprodukte zu entwickeln, die sich an den gesetzlichen Rahmenbedingungen orientieren.

Risikomanagement

Die konkreten Anforderungen sind jedoch selbst kurz vor Verabschiedung weitreichender und zeitlich schnell umzusetzender gesetzlicher Regelungen in weiten Bereichen offen, so dass betroffene Unternehmen – im Sinne eines vorsorgenden Risikomanagements – alternative Lösungen für eine breite Palette möglicher Regelungen konzipieren müssen.

Erfolgsfaktoren im Recycling

Im Rahmen einer umfangreichen Studie wurden Erfolgsfaktoren und Gestaltungsinstrumente zum Management kreislauforientierter Entsorgungskonzepte identifiziert (Ivisic 2001a). Dabei wurde die hohe Bedeutung der vernetzten Planung über alle Glieder der Prozesskette Entsorgung nachgewiesen. In der konkreten Umsetzung erzwingt dies die Vernetzung von Touren-, Standort- und Demontagefabrikplanung (vgl. Abb. 4).

Planungsebenen

Die Tourenplanung in Altgerät-Sammlung und Bauteil-Wiedereinsteuerung ist von der Wahl der Standorte für Sammel- und Umschlagpunkte abhängig. Diese wiederum sind in Abhängigkeit von Größe und Leistungsspektrum der geplanten Demontagefabriken zu ermitteln. Für deren Auslegung bildet das von Standortzahl und -position abhängige zu behandelnde Anfall- und Absatzpotenzial die Basis, so dass eine lineare Planung nicht möglich ist.

Iterative Optimierung

Vielmehr ergibt sich die Notwendigkeit, von einem Startpunkt ausgehend, durch mehrfaches Durchlaufen der drei Planungsschichten eine iterative Optimierung durchzuführen. Für die Bereiche Standort- und Tourenplanung

Juli 2002

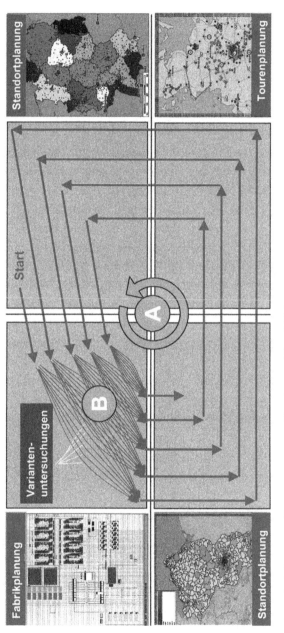

Abb. 4: Optimierung von Entsorgungssystemen: Vorgehensmodell und Lücken

existieren jeweils sowohl geschlossene Methodiken als auch geeignete Software-Werkzeuge.

High-Level-
Architecture

Das bisher fehlende Rahmenkonzept zur Verbindung verschiedener Planungsbereiche (vgl. Abb. 4, Markierung A) kann die High-Level-Architecture (HLA) für Simulationssysteme darstellen, die gegenwärtig intensiv diskutiert wird (US Department of Defense 1998). Auf dieser Basis erfolgt der Austausch relevanter Planungsparameter sowie die Steuerung und Synchronisierung der Planungsläufe über einen virtuellen Leitstand, an dem lediglich die Eingabe veränderter Rahmenbedingungen notwendig ist.

Dialogorientierte
Fabrikplanung

Neben der Vernetzung der Planungsinstrumente stellt der Fabrikplanungs-Sektor eine weitere Lücke dar (vgl. Abb. 4, Markierung B). Während die Optimierung im Bereich Standort- und Tourenplanung anhand bekannter Algorithmen durch die Software weitgehend automatisiert erfolgt, erfolgt die Auslegung der Fabrik bisher im kontinuierlichen Dialog zwischen Planer und Software.

Darüber hinaus existieren im Bereich der Fabrikplanung keine allgemeinen Optimierungsalgorithmen, so dass bereits bei fixierten Rahmenbedingungen zahlreiche Varianten zu generieren und zu analysieren sind. Beim vorliegenden Planungsproblem ist ein solches Vorgehen aufgrund zahlreicher Iterationsschleifen und technologischer Variationsmöglichkeiten ökonomisch nicht umsetzbar.

Design der Behandlungsanlagen
Es lassen sich im Wesentlichen zwei Ansätze zur optimalen technischen und organisatorischen Gestaltung für Behandlungsanlagen zum Aufbau ressourcenschonender Materialkreisläufe identifizieren.

Schredder

Industriell bereits angewendet werden Schredder- und Separierverfahren, bei denen die Gestalt komplexer Pro-

14

dukte vollständig aufgelöst wird und die Wiedereinsteuerung auf Materialebene erfolgt. Nachteilig ist hierbei der
geringe Erhaltungsgrad bereits in Baugruppen oder Bau-
teilen vorhandener Wertschöpfung.

Demgegenüber erfolgt bei den gestalterhaltenden De-
montageverfahren nur eine teilweise Lösung von Verbin-
dungen und eine anschließende Aufarbeitung der gewon-
nenen Bauteile. Demontierende Verfahren werden aufgrund höherer direkter Kosten gegenwärtig nur in begrenztem Umfang industriell angewandt, sie stehen im
Mittelpunkt einiger Forschungsvorhaben mit hoher Inno-
vationsrate.

Die logistische Gestaltung eines Demontagesystems
wird im Wesentlichen durch die beiden Dimensionen Alt-
produkt und Demontageprozess bestimmt. Dabei ist eine
im Vergleich zur Produktion deutlich höhere Komplexität
zu bewältigen: Die Variantenvielfalt eines herstellenden
Unternehmens und einer Produktgeneration multipliziert
sich bei Demontageprozessen mit der Anzahl der beteiligten Unternehmen und den jeweiligen Produktgeneratio-
nen. Hinzu kommen stark schwankende Mengenströme
sowie Unsicherheiten bezüglich nachträglicher Reparatu-
ren und Zustand der Altgeräte.

In der Produktion realisierbare Ansätze zur Komplexi-
tätsreduktion, wie bspw. late-fit-Strategien, lassen sich
nur in begrenztem Umfang auf die Demontage übertragen. Verschärft wird das Spannungsfeld durch die relativ
geringe Wertschöpfung, so dass nur flexibel an die turbu-
lenten Umfeldanforderungen anpassbare Demontagefabriken im Wettbewerb zu Shredderanlagen wirtschaftlich zu
betreiben sind.

Demontage

Komplexitätstreiber

*Begrenzte
Übertragbarkeit
etablierter Konzepte*

Juli 2002

Design einer flexiblen Demontagefabrik

Zielsetzung
und Stufenkonzept

Die Entwicklung der flexiblen Demontagefabrik erfolgt in sechs Stufen (vgl. Abb. 5). Ziel ist die modulare Prozessgestaltung des Systems, so dass eine schnelle und kostengünstige Konfigurationsänderung, die sog. Rekonfiguration, der Subprozesse ermöglicht wird. Ziel dieser Modularisierung ist ein Netzwerk, das unter Berücksichtigung der Umfeldentwicklungen ständig kostenoptimal gestaltet werden kann.

Ermittlung
Gesamtflexibilität

■ Stufe 1

Im Ausgangspunkt wurde anhand drei verschiedener Methoden das mögliche Anfallpotenzial an Altgeräten, differenziert nach Klasse, Alter und Hersteller, bestimmt (Ivisic 2001 b). Aus den Differenzen hinsichtlich Altgeräte-Menge und -Zusammensetzung zwischen den Verfahren sowie empirischen Daten aus der Praxis wurde mit Hilfe statistischer Verfahren der notwendige Flexibilitätskorridor für die gesamte Demontagefabrik bestimmt.

Bildung
Prozessmodule

■ Stufe 2

Darauf aufbauend erfolgte die Strukturierung der Demontagefabrik entsprechend der Prozesskette Entsorgung in die funktionalen Module Altgeräteeingang/ Identifikation, Sonderprozesse (Schadstoffentfrachtung), Altgerätelager, Demontage, Reinigung gewonnener Bauteile, Prüfung/Aufarbeitung, Materialaufbereitung Bauteillager und Kommissionierung der Bauteile (Baumgarten/Sommer-Dittrich 2000 b).

Flexibilität
je Prozessmodul

■ Stufe 3

Anschließend wird den Funktionsmodulen eine aus der geforderten Gesamtflexibilität abgeleitete notwendige Modulflexibilität zugeordnet. Diese lässt sich gemäß den Regeln zur Verknüpfung verketteter Flexibili-

Juli 2002

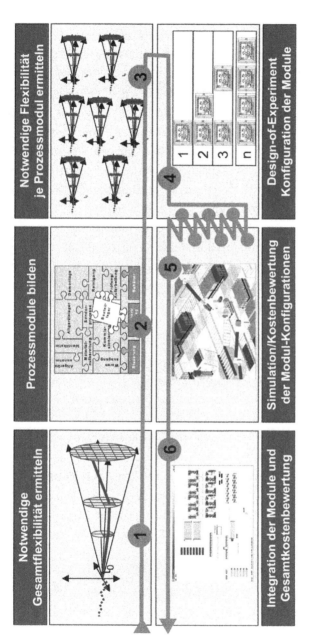

Abb. 5: Iterative Entwicklung einer flexibilitätsoptimierten Demontagefabrik

täten in Systemen rekursiv zwar nicht eindeutig, aber hinreichend genau ableiten (Wirth 1989).

▮ Stufe 4

Auf Modulebene stehen in der Bibliothek eines Planungssystems die erforderlichen Bedien- und Logistikelemente zur Verfügung. Der Planer ordnet den definierten Prozessschritten die realisierbaren Grundtypen, den möglichen Parameterbereich der Grundtypen sowie Minimum/Maximum und Mix verschiedener Grundtypen zu. Im Eingangsbereich für Altgeräte können bspw. Gabelstapler und fahrerlose Transportsysteme gewählt werden. Da für beide Grundtypen unterschiedliche Leistungsklassen existieren ist hier der zu berücksichtigende Bereich des Parameters „Tragfähigkeit" zu definieren.

Design-of-Experiment

Aus diesen Eingaben wird automatisch ein Design-of-Experiment (DoE) für die nachfolgende Simulation (Stufe 5) generiert. Sie enthält zielorientiert entwickelte Konfigurationen und Parametrisierungen des Systems.

Simulation
von Modulen

▮ Stufe 5

Jedes Experiment der DoE-Matrix wird mittels Simulation hinsichtlich Kosten und Leistungserfüllung unter den in (Stufe 3) ermittelten Anforderungen bewertet. Die Ergebnisse werden als Pendant zum DoE in einer Result-of-Process-Experiment (RoPE)-Matrix gespeichert, die für jede Planungsperiode ermittelt wird.

Integration
von Modulen

▮ Stufe 6

Zur Ermittlung des über alle Perioden optimal geeigneten Systems ist abschließend der Umbauaufwand für den Übergang von Periode n zu Periode n+1 zu ermitteln. Dieser wird ebenfalls anhand einer Simulation bewertet, wobei die Konfiguration der Periode n den Ausgangspunkt und die Konfiguration von n+1 die Zielkonfiguration darstellt. Es wird ebenfalls über die gesamte DoE enumeriert und eine Result-of-Configuration-Experiment (RoCE)-Matrix erzeugt. Durch Matrixoperationen wird ein gemeinsames Result-of-Experiment (RoE) erzeugt, die sowohl die Umbauaufwendungen als auch die hierfür notwendigen Zeiten berücksichtigt.

Entscheidungsunterstützung für die Entsorgungslogistik

Um dem Planer die Navigation innerhalb des komplexen Systems zu ermöglichen wurde die gesamte Simulation mit einer dreidimensionalen Visualisierung hinterlegt. Damit wird den gewohnten Entscheidungsstrukturen Rechnung getragen, die durch eine Mischung graphischer und numerischer Informationen gekennzeichnet sind.

Visualisierung zur Navigation

Mit der ermittelten Kosten-/Leistungsmatrix kann in der übergeordneten Planungsebene die optimale Anzahl und Anordnung von Demontagefabriken, Sammel- und Umschlagpunkten berechnet werden. Im Planungsbeispiel ergibt sich für die Kreislaufführung von Haushaltsgroßgeräten eine Anzahl von ca. 20 Demontagefabriken sowie etwa 900 Sammelstellen in Deutschland. Für die strategische Ausrichtung und Steuerung dieses Netzwerkes von Recyclingunternehmen auf Basis von Balanced Scorecards wurde bereits ein Konzept vorgestellt (Frille et al. 2001).

Planung der Prozesskette Entsorgung

Im nächsten Forschungsschritt wird die Betrachtungsebene sowohl geographisch auf alle EU-Staaten, produktbezogen auf alle Haushaltsgeräte und serviceorientiert auf den Direktvertrieb gewonnener Ersatzteile an Endkunden ausgeweitet.

Ausblick

Juli 2002

Literatur

Baumgarten H u. Sommer-Dittrich T (2000 a) Prozesskettenbezogene Auslegung logistischer Systeme. In: TU Berlin (Hrsg.) Sonderforschungsbereich 281 „Demontagefabriken zur Rückgewinnung von Ressourcen in Produkt- und Materialkreisläufen"; Arbeits- und Ergebnisbericht 1998–2000, Berlin, S 235ff

Baumgarten H u. Sommer-Dittrich T (2000 b) Gestaltung innerbetrieblicher Logistikkonzepte für Demontagefabriken, Zeitschrift für wirtschaftliche Fertigung (ZWF), Sonderbeilage Demontage, Juli: 25ff

Frille O (2001) Wettbewerbsorientierte Produktkreisläufe auf Basis des Nutzenverkaufs, Dissertation Technische Universität Berlin; Bereich Logistik, Berlin

Frille O et al. (2001) Strategische Ausrichtung und Steuerung der innerbetrieblichen Prozesse von Recyclingunternehmen auf Basis von Balanced Scorecards, Logistik Management 3/1: 54ff

Ivisic R (2001 a) Management kreislauforientierter Entsorgungskonzepte – Erfolgsfaktoren und Gestaltungsinstrumente, Dissertation, Technische Universität Berlin; Bereich Logistik; Berlin 2001

Ivisic R (2001 b) Deutschlandweite Standortplanung von Demontagefabriken für Haushaltsgroßgeräte, Distribution 32/6: 12ff

US Department of Defense (1998) High level Architecture Interface Specification, Version 1.3

Wirth S (1989) Flexible Fertigungssysteme – Gestaltung und Anwendung in der Fertigung, Verlag Technik Berlin, S 35ff

Inhaltsverzeichnis Band 2

Juli 2002

Teil 8 ■ Handelslogistik/Logistik in Handelsunternehmen

Inhalt

Personalmanagement

Joachim Zentes

Going International ist seit Mitte der neunziger Jahre eine zentrale strategische Stoßrichtung des (Einzel-)Handels. Dies gilt für den Handel in Europa, den USA und Japan – um die Länder bzw. Regionen der klassischen Triade herauszustellen. Internationalisierung oder gar Globalisierung kennzeichnet gleichermaßen die strategische Orientierung des Food-Handels wie auch des Near Food- und Non Food-Handels, wenngleich aus verschiedenen Ausgangspositionen heraus.

Durch die sich eröffnende Möglichkeit einer räumlich verteilten Wertschöpfungskette im Zuge der Globalisierung und Medialisierung lösen sich örtliche und zeitliche Restriktionen zunehmend auf. So werden eine 24-stündige Auslastung von Leistungskapazitäten und eine permanente Erreichbarkeit realisierbar und unabdingbar. Vor diesem Hintergrund ist der Arbeitszeit als Flexibilisierungsparameter der Unternehmenstätigkeit eine strategische Bedeutung beizumessen. Auf Grund des steigenden wettbewerbspolitischen Drucks zielen insbesondere anlageintensive Unternehmen auf eine Flexibilisierung der Arbeitszeiten, beispielsweise über kapazitätsorientierte Arbeitszeitmodelle oder aufgabenorientierte Arbeitszeitmodelle (Patchworking). Ähnliche Entwicklungen finden sich in den serviceorientierten Branchen hinsichtlich der sich verändernden Erwartungen der Kunden, so der zeitlichen Verfügbarkeit.

Eine innovative Aufgabe eines variablen Einsatzmanagements liegt in einem Paradigmenwechsel von der Zeitorientierung in Richtung Leistungsorientierung. So lässt sich in der Unternehmenspraxis beobachten, dass

mit steigenden Freiheitsgraden und einem Mitsprache-
recht bei der Einsatzplanung die Flexibilitätsbereitschaft
der Mitarbeiter signifikant ansteigt. Derartige Erfolgs-
potenziale variabler Arbeitszeitsysteme sind neben Ab-
grenzungen zu starren Systemen sowie einer kritischen
Auseinandersetzung mit den Vor- und Nachteilen unterschiedlicher Arbeitszeitsysteme u.a. Gegenstand der folgenden Beiträge. Ferner werden Besonderheiten des Personalmanagements innerhalb der Logistik international
tätiger Handelsunternehmen berücksichtigt und anhand
von Best Practices aus der Unternehmenspraxis durchleuchtet.

Arbeitszeitgestaltung in der Logistik – ein Element des Personalmanagements
Martina Plag

8 ▮ 03 | 04 | 01

Juli 2002

INHALTSÜBERBLICK

Veränderte Kundenanforderungen, eine Anpassung von Servicezeiten und Defizite bestehender Arbeitszeitsysteme sind in der Praxis Auslöser, wenn neue Regelungen für eine variable Gestaltung der Arbeitszeit vereinbart werden sollen. Variable Systeme müssen individuell für die spezifischen Anforderungen eines Unternehmens entwickelt werden. Gleichzeitig gilt es, die Anforderungen von Mitarbeitern und betrieblichen Interessenvertretungen zu berücksichtigen. Eine Herausforderung, bei der Personalbereiche sowohl fachliche Aufgaben als auch die Prozessgestaltung bewältigen müssen.

Anforderungen an die Arbeitszeitgestaltung

Wenn Arbeitsabläufe in Unternehmen optimal und effizient organisiert sind, gehören dazu auch moderne und zukunftstaugliche Arbeitszeitsysteme. Arbeitszeit ist ein teures und in der Regel knappes Gut. Die Güte der Arbeitszeitorganisation muss sich daran messen lassen, ob das System geeignet ist, die Ressource Arbeitszeit bedarfsorientiert an ein schwankendes Arbeitsvolumen anzupassen und ob es ferner die Anforderungen von Mitarbeitern und betrieblicher Interessenvertretung einbezieht.

Seit rund anderthalb Jahrzehnten gibt es in Deutschland Arbeitszeitmodelle, die den Unternehmen und den Mitarbeitern ein höheres Maß an Flexibilität und Variabilität ermöglichen. Die Suche nach neuen Arbeitszeitsystemen hatte hierbei verschiedene Auslöser. Verkürzte ta-

Notwendigkeit moderner, zukunftstauglicher Arbeitszeitsysteme

1

rifliche Wochenarbeitszeiten veranlassten vor allem In-
dustriebetriebe – und hier an erster Stelle die Unternehmen der Metallbranchen – sich hinsichtlich der Arbeitszeitgestaltung neu zu orientieren. Hier standen häufig
neue, variable Schichtsysteme im Vordergrund.

Anforderungen
an Dienstleistungs-
bereiche

Mit einer zeitlichen Verzögerung folgten die Dienst-
leistungsbereiche diesen Entwicklungen. Auch hier mussten auf tarifvertraglicher Ebene zunächst die Grundlagen
für eine variable Gestaltung der betrieblichen Arbeitszeit
geschaffen werden. Veränderte Kundenanforderungen und
die Schaffung von Wettbewerbsvorteilen veranlassen insbesondere Handelsunternehmen, ihre Öffnungs- bzw. Servicezeiten zu verändern. Die Verlängerung oder Verschie-
bung von Dienstleistungszeiten und die Möglichkeit,
schnell auf Kundenanforderungen reagieren zu können,
machen allerdings eine veränderte Mitarbeitereinsatzplanung erforderlich. Die Zeiten, in welchen ein Mitarbeiter
z. B. in einem Ein-Schicht-System eine Aufgabe erledigt
und mit seiner Arbeitszeit die Dienstleistungszeit abbil-
det, sind längst vorbei. Just-in-Time-Lieferungen, der Abbau von Lagerkapazitäten bei Lieferanten, Industrie,
Großhändlern und Kunden erfordern eine bewegliche Gestaltung der Arbeitszeit.

Die Definition von Variabilität

Starre vs. variable
Arbeitszeitsysteme

Worin unterscheiden sich nun variable von starren Arbeitszeitsystemen und was bedeutet der Begriff Variabilität?

Starre
Arbeitszeitsysteme

In einem starren Arbeitszeitsystem sind Lage und
Dauer der Arbeitszeit sowie Beginn und Ende der täg-
lichen oder wöchentlichen Arbeitszeit festgelegt. Daraus
ergibt sich zwingend ein Defizit: Die Anzahl von Mitarbeitern bzw. umgerechnet die zur Verfügung stehenden

Zeitkontingente zur Bewältigung der Arbeitsaufgaben sind bezogen auf die Arbeitstage und Wochen gleichbleibend und schwanken in der Regel nur aufgrund von Abwesenheiten durch Urlaub oder Krankheit. Minderbedarf ist in diesen Systemen häufig gar nicht umzusetzen.

Eine Anpassung an einen Mehrbedarf an Arbeitszeit erfolgt in diesen starren Arbeitszeitsystemen durch Mehrarbeit und/oder den kurzfristigen An- bzw. Abbau von Personal, wie dem Einsatz von Leiharbeitnehmern oder befristet bzw. geringfügig Beschäftigten. Diese Formen der Flexibilität sind jedoch mit erheblichen Kosten verbunden.

Mehrarbeit bedeutet zusätzliche Lohn- und Gehaltskosten, häufig verbunden mit Zuschlägen, die – je nach Tarifvertrag – für Mehrarbeit gezahlt werden müssen. Häufig ergibt sich in der Praxis eine Mehrarbeitskultur, d. h. Mitarbeiter berechnen diese Arbeitszeit – genauer diesen zusätzlichen Verdienst – als feste Größe ein.

Ist es notwendig, z. B. aufgrund von saisonalen Höhepunkten die Arbeit auf Zeiten auszudehnen, die außerhalb des normalen Arbeitszeitrahmens liegt, kann dies zu erhöhten Arbeitszeitkosten führen. Zusätzliche Spät- und Nachtschichten oder Arbeitszeit am Samstag – wie in Handelsunternehmen üblich – werden in der Praxis häufig teuer bezahlt. Entscheidend ist hier die Definition des betrieblichen Arbeitszeitrahmens und die vorab erfolgte Definition von zusätzlichen Arbeitszeiten.

Der Einsatz von Leiharbeitnehmern und befristet Beschäftigten birgt ebenfalls Nachteile in sich. Zum einen bedeutet dies immer einen personalwirtschaftlichen Aufwand bei der Personalsuche und der Verwaltung. Zum zweiten erbringen zeitlich befristet beschäftigte Mitarbeiter nicht die gleiche Leistung wie Festangestellte. Die be-

Defizite bzw. Nachteile starrer Arbeitszeitsysteme

3

trieblichen Abläufe sind ihnen nicht geläufig, so dass es i. d. R. zu Einbußen kommt. Auch Auswirkungen auf das Betriebsklima sind möglich, da das Verhältnis der „Stammbelegschaft" zu den Aushilfen oftmals angespannt ist.

Variable bzw. flexible Arbeitszeitsysteme

Es gibt eine ganze Reihe von Arbeitszeitmodellen, die unter dem Titel „variabel" oder „flexibel" firmieren. Dazu gehören z. B. Modelle, die eine ungleiche Verteilung der Arbeitszeit über definierte Zeiträume festlegen, so eine Abweichung von der tariflichen Wochenarbeitszeit in bestimmten Monaten nach unten, um Minderbedarfe abzubilden oder eine Überschreitung in anderen Zeiträumen, um auf Mehrbedarfe reagieren zu können. Hier ist die Grundlage eine langfristige, auf das Jahr bezogene Arbeitszeit- und Mitarbeitereinsatzplanung.

BEISPIEL 1: *Bei einer tariflichen Wochenarbeitszeit von 38 Stunden wird langfristig festgelegt, dass sechs Monate im Jahr 40 Stunden, und sechs Monate 36 Stunden gearbeitet wird.*

Zwar handelt es sich hierbei auch um eine Abweichung von der Normalarbeitszeit, eine tatsächliche Variabilität ist jedoch noch nicht gegeben.

BEISPIEL 2: *Betriebe mit Schichtsystem haben auf die Verkürzungen der Wochenarbeitszeit reagiert, indem sie flexible Arbeitszeitsysteme eingeführt haben, die durch eine Abfolge von unterschiedlich langen Wechsel- und Freischichten die Anpassung der Arbeitszeit an das Arbeitsvolumen und die betrieblichen Erfordernisse, z. B. den betrieblichen Arbeitszeitrahmen, ermöglichen.*

Diese zwei nur grob skizzierten Beispiele sollen darauf hinweisen, welche Defizite diese Formen der vermeintlich flexiblen Arbeitszeitgestaltung in der betrieblichen Praxis beinhalten können. Zwar weichen die individuellen Arbeitszeiten der Mitarbeiter in diesen Systemen von einer „Normalverteilung" der wöchentlichen Arbeitszeit ab, sofern aber wiederum die ungleich verteilte Arbeitszeit festgeschrieben ist, besteht hier ein Mangel an Variabilität.

Bei Logistikdienstleistern und Handelsunternehmen ist der Bedarf an Arbeitszeit schwankend. Saisonale Höhepunkte, Feiertage, Werbe- und Sonderaktionen erfordern überdurchschnittliche Mitarbeiterkapazitäten. Dem stehen Minderbedarfe an Arbeitszeit zu anderen Zeiten im Jahr gegenüber, z. B. zu Ferienzeiten. Zwar sind in Handel und Logistik vorausschauende Planungen möglich, allerdings sollte ein variables Arbeitszeitsystem beinhalten, auch auf veränderte Rahmenbedingungen reagieren zu können. Dazu gehören z. B. die Veränderung von Ladenöffnungs- und Dienstleistungszeiten, die eine Anpassung von Lieferbedingungen und Lieferrhythmen nach sich zieht, die Vereinbarung von Zeitfenstern oder Nachtanlieferungen, EDV-gestützte Bestell- und Warenwirtschaftssysteme, veränderte Zuschnitte von Vertriebsstrukturen und Vertriebsregionen, Anpassungen der Sortimente oder die Umorganisation der Arbeitsabläufe.

Echte variable Arbeitszeitsysteme beinhalten die Möglichkeit der kurzfristigen Anpassung der Arbeitszeit. Grundlage dieser Systeme ist die Vereinbarung von Planverfahren zur Arbeitszeit und nicht die Vereinbarung der Arbeitszeit selbst. Diese Systeme sind zwar komplexer, allerdings der richtige Weg, um den Verbrauch von Arbeitszeit optimal zu steuern.

Schwankende Arbeitszeitbedarfe

Möglichkeit kurzfristiger Anpassungen

Juli 2002

Anforderungen an die Gestaltung von Arbeitszeit:
Unternehmen Führungskräfte Mitarbeiter, Betriebsrat

Vorteile variabler
Arbeitszeitsysteme

Ein variables Arbeitszeitsystem ermöglicht dem Unternehmen eine Anpassung der Mitarbeiterkapazitäten an einen schwankenden Bedarf. Die Schwankungen des Arbeitsvolumens hängen ab von Umsatzverläufen, Kundenfrequenzen und Lieferrhythmen, sie sind saisonal unterschiedlich und schließlich spielen in der Organisation des Warenflusses häufig Feiertage eine große Rolle. Letztlich schwankt das Arbeitsvolumen mehr oder weniger stark nach Tageszeiten, Wochentagen, Monaten und bezogen auf Jahreszeiten.

Ein variables Arbeitszeitsystem ermöglicht dem Unternehmen den effektiven Umgang mit der teuren Ressource Arbeitszeit und kann Arbeitszeitkosten senken, indem Kosten für Mehrarbeit und zusätzliches Personal eingespart und Minderbedarfe reduziert werden.

Arbeitszeitkonten,
Ausgleichszeiträume,
Planverfahren

Variable Arbeitszeitsysteme ermöglichen durch Arbeitszeitkonten, lange Ausgleichszeiträume und definierte Planverfahren ein hohes Maß an Variabilität. Voraussetzung ist eine ernsthafte Auseinandersetzung mit Planzahlen, um eine vorausschauende Planung des Mitarbeitereinsatzes zu gewährleisten. Häufig werden in Unternehmen die nicht planbaren Faktoren, wie Krankheit von Mitarbeitern oder Wetterverhältnisse in den Vordergrund gestellt. Vergessen wird allerdings oftmals die Auseinandersetzung mit den planbaren Faktoren. Beliebte Vorurteile, wie „Der Kunde ist nicht planbar" können durch eine ernsthafte Analyse der Arbeitsabläufe widerlegt werden. Planzahlen sind Umsatzanteile bzw. Umsatzverläufe nach Tageszeiten, Wochentagen und im Jahresverlauf, Liefermengen, Verpackungseinheiten, Kundenfrequenzen sowie wiederkehrende Arbeitsvorgänge, z. B. Vorbereitungs-

und Rüstzeiten. Bei der Berechnung des zur Verfügung stehenden Arbeitszeitkontingents ist eine Nettoarbeitszeitberechnung sinnvoll, die neben der Krankenquote die Abwesenheiten von Mitarbeitern durch Urlaub usw. berücksichtigt.

Häufig wird angenommen, dass Mitarbeiter nicht bereit sind, variabel zu arbeiten. Eine Reihe von empirischen Untersuchungen konnte verdeutlichen, was Mitarbeitern bei der Gestaltung von Arbeitszeit wichtig ist.

Grundsätzlich sind Mitarbeiter bereit, abweichend von einer regelmäßigen Verteilung der Arbeitszeit zu arbeiten. Mitarbeiter haben jedoch klare Vorstellungen über die Bedingungen, die dabei erfüllt werden sollen. Für Mitarbeiter ist zunächst wichtig, dass die Arbeitszeit vorausschauend geplant wird. Des Weiteren wünschen Mitarbeiter die Verfügung über das eigene Arbeitszeitkonto. Das heißt, die Möglichkeit, Entnahmen vom Arbeitszeitkonto nach eigenen Bedürfnissen planen zu können. Dass dabei die betrieblichen Belange berücksichtigt werden müssen, ist den Mitarbeitern bewusst. Allerdings sinkt die Bereitschaft Plusstunden zu leisten, wenn die betriebliche Praxis zeigt, dass ein Freizeitausgleich kaum möglich ist und letztlich die Mehrstunden ausbezahlt werden müssen. Attraktive Freizeitmodelle sind ein wichtiges Argument, um Mitarbeiter für variable Systeme zu gewinnen. Nicht zuletzt wünschen Mitarbeiter eine praktikable und übersichtliche Form der Zeiterfassung, die ihnen einen genauen Überblick über den Stand des Arbeitszeitkontos ermöglicht.

Führungskräfte der mittleren Ebene wie Schicht- und Gruppenleiter oder Leiter von Niederlassungen tun sich allerdings oftmals schwer mit der Einführung variabler Arbeitszeitsysteme. Einerseits werden sie vor neue He-

Mitarbeiterbereitschaft

Akzeptanzprobleme der mittleren Führungsebene

Juli 2002

7

rausforderungen bei der Ressourcensteuerung gestellt, ferner wächst die Bedeutung von Planzahlen bzw. Kennziffern und das über Jahre erlernte (personalisierte) Wissen soll mit einem Mal nicht mehr die gewohnte Bedeutung haben.

> **! Merke:** Anforderungen an Kommunikation und Beteiligung von Mitarbeitern bedürfen neuer Denkweisen und einen Sprung über den eigenen Schatten, wenn die Planung und Gestaltung der Arbeitszeiten der Mitarbeiter bislang über strikte Anweisungen erfolgten.

Bei Betriebsräten steht vorrangig die Wahrung der Mitbestimmungsrechte im Vordergrund. Häufig befürchten betriebliche Interessenvertretungen, Mitbestimmungsrechte aufzugeben, u. a. dadurch bedingt, dass z. T. entsprechende Erfahrungen mit variablen Arbeitssystemen fehlen. Das Bemühen der Betriebsräte, die Mitarbeiter durch restriktive, kollektive Regelungen zu schützen, steht teilweise im Konflikt mit den Interessen der Mitarbeiter.

Konflikte in der
Unternehmenspraxis

Ein weiterer Punkt: Bei Einsatz von Mehrarbeit ist die Zustimmung des Betriebsrates erforderlich. Die Verfahren, die das Betriebsverfassungsgesetz vorschreibt, bedingen in der Regel vorausschauende Zeitabläufe. Häufig wird aufgrund aktueller Anforderungen auf die Einhaltung der gesetzlich geregelten Abläufe verzichtet. Dies führt in der betrieblichen Praxis zu Konflikten.

Des Weiteren wird die nötige Zustimmung des Betriebsrates zur Mehrarbeit genutzt, um bei Konflikten oder Problemen, die nicht mitbestimmungspflichtig sind, eine Einigung zu erlangen. Weitere Anlässe für betriebliche Auseinandersetzungen sind Verstöße gegen Tarifverträge, das Arbeitszeitgesetz oder existierende Betriebsvereinbarungen. Variable Systeme können hier das Konfliktpotenzial erheblich reduzieren. Wichtig ist allerdings, gerade die Beteiligung der betrieblichen Interessenvertretungen in den Vereinbarungen zu regeln.

Elemente eines variablen Arbeitszeitsystems
Geltungsbereich
Zu regeln ist der räumliche (Betrieb, Betriebsteile) und personelle Geltungsbereich. Besonderes Augenmerk ist hier auf die Teilzeitbeschäftigten und Auszubildenden zu richten. Diese Beschäftigtengruppen sollen im Rahmen ihrer Möglichkeiten und unter Berücksichtigung ihrer besonderen Situation in variable Systeme einbezogen werden.

Räumlicher und personeller Geltungsbereich

Arbeitszeitrahmen
Bei der Definition des betrieblichen Arbeitszeitrahmens spielt eine Rolle, inwiefern diese bereits Arbeit am Wochenende enthält oder Verfahren zur Planung zusätzlicher Schichten bereits im vorhinein geregelt sind. Dies schafft eine Planungssicherheit für Unternehmen und Mitarbeiter. Eine Kontingentierung, eine Mitsprache der Mitarbeiter bei der Planung und eine Kompensation, z. B. durch attraktive Freizeitmodelle, erlauben eine sozialverträgliche Gestaltung der Ausdehnung von Betriebs- und Servicezeiten. Ziel ist es, Mehrarbeitskosten zu vermeiden und die persönlichen Belange der Mitarbeiter zu berücksichtigen.
   Um einen Rahmen zu definieren, in dem Arbeitszeit variabel gestaltet werden kann, sollten drei Größen definiert werden:

Definition eines Arbeitszeitrahmens

Juli 2002

9

■ Der betriebliche Arbeitszeitrahmen: d. h. von wann bis wann wird an den einzelnen Tagen im Betrieb bzw. in Betriebsteilen gearbeitet.

■ Der individuelle Arbeitszeitrahmen der Mitarbeiter: Dazu gehören Höchstarbeitszeit und Mindestarbeitszeit eines Mitarbeiters und evtl. eine Vereinbarung in welchem Rahmen der Mitarbeiter planbar ist.

■ Die wöchentliche Sollarbeitszeit, die sich aus dem Tarif- bzw. Arbeitsvertrag ergibt.

Arbeitszeitkonto

Regelung von Arbeitszeitkonten

Die Regelungen zum Arbeitszeitkonto umfassen die Höhe von Plus- und Minusstunden, die genutzt werden können. Als optimal haben sich so genannte Ampelkonten erwiesen, da diese eine Steuerung der Arbeitszeitkonten ermöglichen. Das heißt, über die Konten ist geregelt, in welchem Rahmen die Mitarbeiter ihre Konten selbständig führen („grün") und wann ein Auf- bzw. Abbau gesteuert werden muss („gelb" und „rot"). Regelungsbestandteil sind auch die Verfahren für Entnahmen vom Konto, d. h. in welcher Form und in welchem Umfang Stunden entnommen werden können. Häufig werden aus unbegründeter Vorsicht, enge Grenzen gesetzt und Restriktionen formuliert, die schlussendlich in der Praxis keine Relevanz haben. Der Ausgleich von Stunden sollte den Anspruch auf komplett freie Tagen beinhalten. Dies hat sich in der Praxis als bedeutender Motivationsfaktor erwiesen.

Die Mitarbeitereinsatzplanung

Verfahren der Mitarbeitereinsatzplanung

Das Verfahren der Mitarbeitereinsatzplanung ist das Kernelement eines variablen Arbeitszeitsystems. Hierbei ist es wichtig, ein Verfahren zu beschreiben, das einerseits variable Mitarbeitereinsatzplanung ermöglicht und

10

andererseits den Mitarbeitern eine Planungssicherheit gibt. Dabei sind unterschiedlichste Modelle denkbar:

■ Variable Schichtsysteme, die aus Kernzeiten und variablen, bedarfsorientierten Arbeitszeitblöcken bestehen.

■ Variable Systeme, in welchen die Arbeitszeit der Mitarbeiter unter Einhaltung definierter Spielregeln regelmäßig neu geplant wird.

■ Systeme, in welchen Mitarbeiter nicht die gesamte Sollarbeitszeit pro Woche leisten und ein bestimmtes Stundenkontingent in einen Pool fließt, der zu bestimmten Zeiten abrufbar ist (z. B. Sonderschichten).

Zu allen Systemen gehört die Definition von Spielregeln, so die Festlegung der Zeiträume, für die eine Mitarbeitereinsatzplanung durchgeführt wird. Der Planungsvorlauf legt fest, wann die Planung abgeschlossen ist. Definiert werden müssen des Weiteren die Verfahren, sofern von der feststehenden Planung aus unkalkulierbaren Gründen abgewichen werden muss. Auch welche Plandaten und Instrumente für die Planung zur Verfügung stehen kann ein Regelungsbestandteil sein.

Ausgleichszeitraum

Hier muss die Länge des Zeitraums definiert werden, innerhalb oder ·bis zu dem die durchschnittliche Sollarbeitszeit erreicht werden muss. Entscheidend sind hier die tarifvertraglichen Regelungen und die unternehmerischen Ziele.

Generell sind lange Ausgleichszeiträume praktikabel, allerdings sind hierbei Steuerungs- und Controllingverfahren notwendig, wie sie beispielsweise in Verbindung mit Ampelkonten und Zeitwirtschaftssystemen möglich sind.

Definition des
Ausgleichszeitraumes

Lassen es die Tarifverträge zu und bieten vorhandene Zeitwirtschaftssysteme die Möglichkeit, dies zu verfolgen, kann ein individueller Ausgleichszeitraum gewählt werden. Das heißt, dass immer wenn ein Mitarbeiter im Schnitt seine Arbeitszeit erreicht hat, ein neuer Ausgleichszeitraum beginnt.

Stichtagsregelungen

Häufig gibt es so genannte Stichtagsregelungen, z. B. einen Ausgleich der Arbeitszeit zum 30. Juni oder 31. Dezember eines Jahres. Ob dies von Vorteil ist oder die Unternehmen einschränkt, muss aufgrund der unternehmensspezifischen Anforderungen entschieden werden. Zwar müssen bilanzrechtlich für Plusstunden am Jahresende Rückstellungen gebildet werden, allerdings kann es gerade mit Blick auf das Saisongeschäft von Vorteil sein, den Stichtag nicht auf das Jahresende zu legen.

> **! Merke:** Egal für welches Modell man sich entscheidet: Steuerungssysteme über Ampelkonten und Zeitwirtschaftssysteme sind unabdingbare Voraussetzung, um einen Überblick über den Verbrauch von Arbeitszeit und Arbeitszeitkosten zu haben und die gesetzlichen Vorgaben laut Tarifvertrag und Arbeitszeitgesetz zu erfüllen.

Vorbereitung und Umsetzung, begleitende Verfahren

Voraussetzungen zur Einführung

Regelungsbestandteil eines Arbeitszeitsystems ist ferner die Definition von Voraussetzungen zur Einführung. Dazu gehören eine Qualifizierung der Führungskräfte, die Information von Mitarbeitern, die notwendigen Planungsinstrumente und evtl. die Installation und Inbetriebnahme von Zeitwirtschafts- und Controllingsystemen. Begleitende Verfahren sind die Einrichtung einer betrieblichen

12

Arbeitsgruppe, in der Führungskräfte und Betriebsrat gemeinsam die Umsetzung und Einführung planen und überprüfen sowie Hilfestellung geben, wenn es an der einen oder anderen Stelle hakt.

Die Entwicklung variabler Arbeitszeitsysteme

In der Praxis wird häufig angenommen, dass die Entwicklung variabler Arbeitszeitsysteme am besten zu bewerkstelligen ist, wenn ein Entwurf für eine Betriebsvereinbarung vorliegt und darüber im Kreis von Unternehmensführung, Personalverantwortlichen und betrieblicher Interessenvertretung verhandelt wird. Erfahrungsgemäß besteht allerdings bei einem solchen Vorgehen die Gefahr des Scheiterns in zweierlei Hinsicht. Bei einer Verweigerungshaltung des Betriebsrates, der in Arbeitszeitfragen ein Mitbestimmungsrecht hat, können sich Verhandlungen über Monate, ja teilweise Jahre hinziehen, ohne dass es zu einer Einigung kommt. Ein weiteres Manko bei der Entwicklung von Systemen entsteht, wenn diese als alleinige Angelegenheit von Personalbereich und betrieblicher Interessenvertretung angesehen wird. Dann entstehen Systeme, die von Produktion, Vertrieb und Verwaltung nur unwillig angenommen oder sogar ignoriert werden.

In der Praxis empfiehlt sich eine strukturierte und prozessorientierte Vorgehensweise, da so eine schnelleres Ergebnis erzielbar und eine operative Umsetzung wahrscheinlicher wird, wie die Empirie belegt.

Zu dieser Vorgehensweise gehört:

∎ Ein Projekt mit klar definiertem Projektauftrag, Arbeits- und Zeitplan und festgelegten Verantwortlichkeiten von Projektleiter, Projektteam und Lenkungsausschuss.

Entwicklung variabler
Arbeitszeitsysteme

Strukturierte und
prozessorientierte
Vorgehensweise
vorteilhaft

Juli 2002

13

■ Die Einbeziehung aller Gruppen im Unternehmen: Mitarbeiter, Führungskräfte aus Produktion und Vertrieb, Personalbereich, Betriebsrat.

■ Die Bestandsaufnahme und Analyse, um zu erkennen, wo die derzeitigen Defizite der Arbeitszeitpraxis liegen, inwieweit sich bereits abweichende Praktiken herausgebildet haben und welche Anforderungen sich aus Sicht der unterschiedlichen Gruppen im Betrieb ergeben. Mittel und Methoden können hierfür eine Mitarbeiterbefragung, Workshops, Experteninterviews oder Fragenkataloge sein. Daraus sind erste Zielsetzungen und Schwerpunkte abzuleiten.

■ Die Entwicklung des Systems: aus den definierten Zielen und Eckpunkten kann Stufe für Stufe durch Diskussion und Kompromisse das zukünftige System ausformuliert werden, bis am Ende eine Vereinbarung steht. Zu beachten sind dabei selbstverständlich die rechtlichen Anforderungen von Tarifverträgen, Betriebsverfassungsgesetz und Arbeitszeitgesetz

■ Die Schaffung aller notwendigen organisatorischen und technischen Voraussetzungen vor Einführung sowie die Begleitung der Einführung und Evaluation als Bestandteile der letzten Phase.

FAZIT

∎ Variable Arbeitszeitsysteme sind nötig, um Arbeitszeit effektiv und ökonomisch zu steuern, Kundenanforderungen zu erfüllen und Konkurrenzvorteile zu erlangen.

∎ Variable Arbeitszeitsysteme müssen Verfahren zur Ressourcensteuerung beinhalten. Dadurch ergibt sich auch das nötige Controlling, was den Führungskräften erlaubt, den Verbrauch an Arbeitszeit zu steuern.

∎ Alle relevanten Gruppen im Betrieb müssen an der Entwicklung und Umsetzung beteiligt werden.

∎ Die Anforderungen von Unternehmen, Mitarbeitern und betrieblicher Interessenvertretung müssen im Sinne eines interessenausgleichenden Arbeitszeitmanagements berücksichtigt werden.

∎ Variable Arbeitszeitsysteme können so gestaltet werden, dass alle Beteiligten Vorteile daraus ziehen.

Juli 2002

- **Eine integrale Behandlung des Themas!**

- **In substantieller Weise – theoretisch fundiert durchdrungen!**

- **Das Standardwerk für die Optimierung der Auftrags- und Lieferketten (Supply Chain Management)!**

Timm Gudehus

Logistik

Grundlagen
Strategien
Anwendungen

Springer

T. Gudehus

Logistik

Grundlagen Strategien Anwendungen

1999. XIV, 889 S. 390 Abb. Geb.
€ 149,–; sFr 230,50
ISBN 3-540-65206-X

Dieses Referenzwerk schafft die Grundlagen zur innovativen Lösung der vielfältigen Logistikaufgaben. Die Ausführungen sind branchenunabhängig und technikübergreifend. Die Anwendungsmöglichkeiten der entwickelten Grundsätze, Strategien und Berechnungsformeln werden anhand zahlreicher Beispiele aus der Beratungspraxis erläutert.

„ ...ein Schwerpunkt des Buches liegt in der bisher einzigartigen Darstellung der Grundlagen, Strategien und Algorithmen für die Planung innovativer Logistiksysteme..."
Prof. H. Baumgarten, TU Berlin

Inhaltsübersicht: Aufgaben und Aspekte der Logistik · Organisation und Prozeßsteuerung · Planung und Realisierung · Potentialanalyse · Strategien · Logistikkosten · Leistungsvergütung · Zeitdisposition · Zufallsprozesse und Bedarfsprognose · Auftragsdisposition und Produktionsplanung · Logistikeinheiten und Logistikstammdaten · Grenzleistungen und Staueffekte · Vertrieb und Logistik · Logistiknetzwerke und Logistiksysteme · Lagersysteme · Kommissioniersysteme · Transportsysteme · Optimale Lieferketten · Supply Chain Management · Einsatz von Logistikdienstleistern.

Springer · Kundenservice
Haberstr. 7 · 69126 Heidelberg
Tel.: (0 62 21) 345 – 217/-218
Fax: (0 62 21) 345 – 229
e-mail: orders@springer.de

Die €-Preise für Bücher sind gültig in Deutschland und enthalten 7% MwSt.
Preisänderungen und Irrtümer vorbehalten. d&p · 7833/SF